海洋科学入門
—海の低次生物生産過程—〔第2版〕

多田邦尚・一見和彦・山口一岩 著

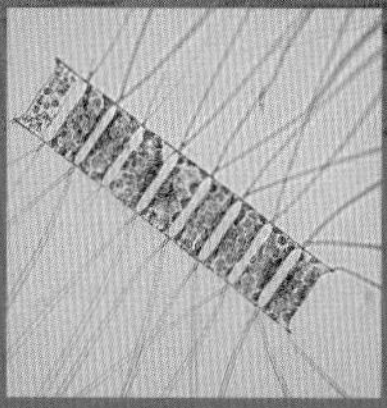

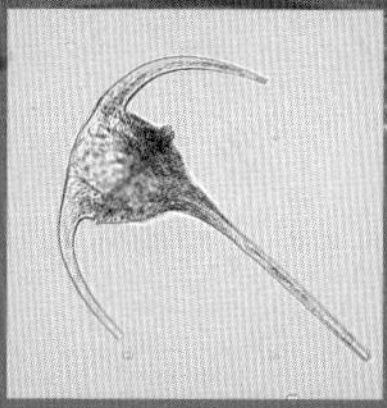

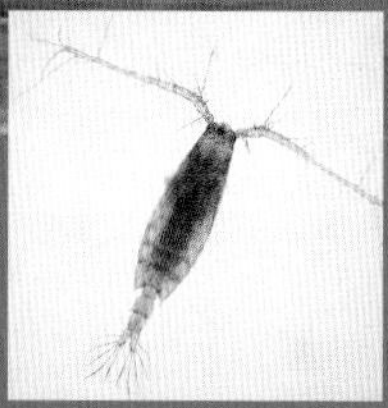

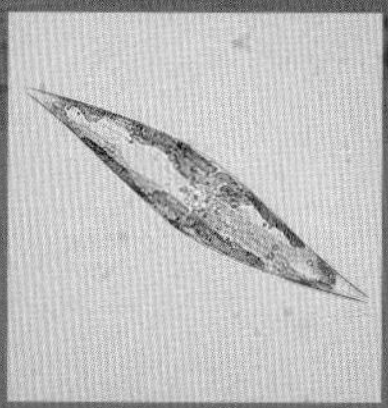

恒星社厚生閣

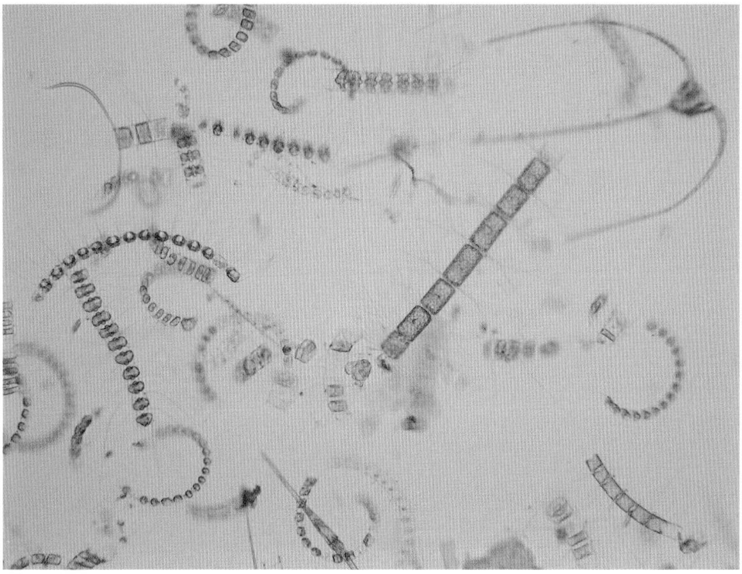

口絵１　瀬戸内海で採取したプランクトンネットサンプル
海水中にはこのように様々なプランクトンが生息している（第２章，第５章）.

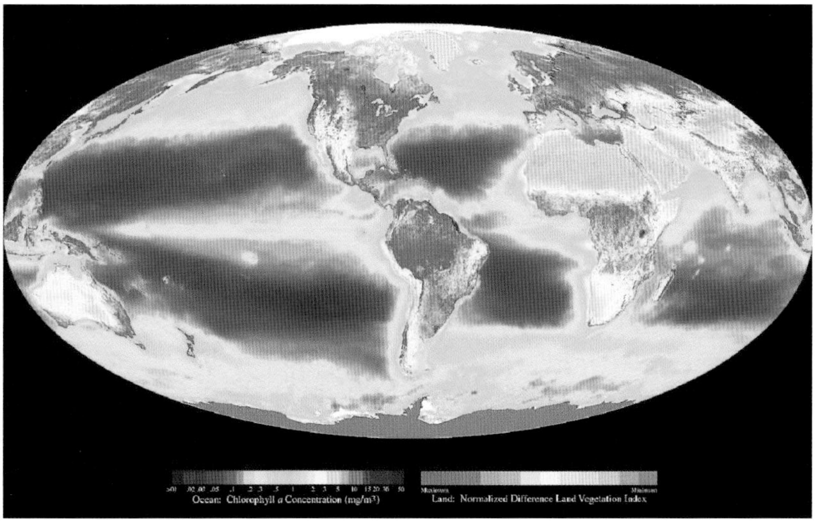

口絵２　世界の海洋・陸地における光合成量の擬似催色表示（1997年９月から2000年８月まで）（第４章：45頁）
SeaWiFS プロジェクト：NASA / ゴダード宇宙飛行センターなどによる提供.
海洋：クロロフィル *a* 濃度，陸地：植生指数.
http://en.wikipedia.org/wiki/File:Seawifs_global_biosphere.jpg より引用.

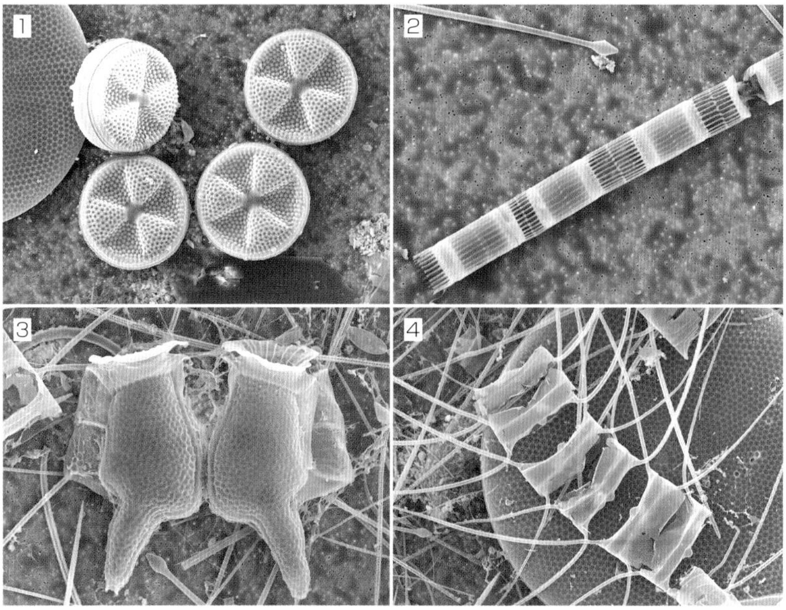

口絵３　植物プランクトンの電子顕微鏡写真（第５章：60 頁）
1：*Actinoptychus* 属，2：*Skeletonema* 属，3：*Dinophysis* 属，4：*Chaetoceros* 属．

口絵４　香川県高松市の新川・春日川河口干潟
（上：満潮時，下：干潮時）
干潟は生物生産性が高く，また強力な
分解の場でもある（第８章）．

はじめに

日本人は，古くから海と深くつきあってきた．縄文時代の貝塚を調べると当時から魚介類を食料としてきたことがわかる．一方では，海に対する感謝と恐れ，あるいは海の向こうに極楽があるといった西方浄土の思想をもっており，海は日本人の精神的な面に大きく関与している．また，海は芸術の世界にも影響を及ぼしており，海の風景を描いた浮世絵（葛飾北斎の「冨嶽三十六景神奈川沖浪裏」など），あるいは日本庭園では石や木を用いて海の風景を庭に表現している．また，幕末の英雄，坂本龍馬も，海から世界をみて日本の発展を夢みた．このように，四方を海に囲まれた日本は，海の恩恵を最大限に受け海洋国家を自負してきたのである．しかしながら，われわれ日本人の海への理解は著しく乏しいといわざるを得ない．

本書の著者３人は，これまで海洋学，水産学を学びながら，瀬戸内海を主な研究フィールドとして沿岸域，浅海域の低次生物生産とその環境について教育・研究してきた．その中で自分たちの知識の整理をするためにも，学生にこの分野についてよく学んでもらうためにも，「適当な教科書がない」と感じ続けてきた．しかしながら，私たち３人には立派な教科書を書き上げる力があるとは思えない．それでも，何度もくり返し読んで基礎知識を整理，確認できるもの，あるいは，この分野で重要とされている図や表を頭に入れるためのテキストがあれば良いと考え，私たちは，本書の執筆にとりかかった．

本書は，化学と生物に基礎をおきながら海洋の低次生物生産過程についてまとめてみた．地球表面の約７割は海洋である．この広大な海洋で起きている低次生物生産と，それに影響を及ぼす環境因子，さらには，それにまつわる物質循環について理解することを目的とした．また，陸に近い沿岸域，浅海域と呼ばれる場所は，面積は小さいものの，生物活動が活発で，それにともなう物質循環も非常に活発な場である．その生物活動が活発な沿岸海域における低次生物生産過程についても，理解することを目標にした．

私たちの研究室には，毎年，何人かの学生が「海が好き」といって，専攻生として入ってくる．若い高校生や大学生諸君の中には，海に魅力を感じ，興味をもつ人がたくさんいると思う．本書が，そういう人たちの入門書となり，また，海への興味や理解を一歩でも専門的に深めていただければ，このうえない喜びである．なお，本書の副題を「海の低次生物生産過程」としながら，動物プランクトンをはじめとする二次生産者に関する章を設けることができなかった．著者らの力不足である．今後，もっと勉強して，いつかそれらも含めた解説書ができればと考えている．また，本書をお読みになってお気づきの点やご批判があれば著者までご連絡いただければ幸いです．

本書を著すにあたり，著者らが学生時代から現在まで教わり続けている恩師の岡市友利先生（元香川大学学長），米田義昭先生（元北海道大学水産学部長），門谷 茂先生（北海道大学名誉教授），そして，長くわれわれの研究教育をリードして下さった香川大学瀬戸内圏研究センター，元ゼネラル・マネージャー（GM）の本城凡夫先生（九州大学名誉教授）に深く感謝する次第である．さらに，各分野の多くの方々に内容のチェックをお願いし，有益なコメントをいただいた．心より感謝する．また，本書の刊行にあたり，恒星社厚生閣の河野元春さんには，執筆に不慣れな私たちの相談に丁寧にのっていただくとともに常に励ましていただいた．また，著者らの研究室の元技術補佐員の滝川祐子さん（現香川大学インターナショナルオフィス非常勤教員）の援助なくして本書は完成しなかった．お二人に心から感謝する．最後に，多くの著書，論文を参考にさせていただいた．その著者の方々にも，心から感謝する．

2023 年 12 月

多田邦尚
一見和彦
山口一岩

海洋科学入門

目　次

はじめに

第 1 章　海洋と低次生物生産過程の研究 ………………………………………… (*1*)

1.1　海とは，どんなところか（*1*）　1.2　海と生命の誕生（*2*）　1.3　近代海洋科学の始まり（*3*）　1.4　海洋の低次生物生産過程と生物海洋学，化学海洋学（*4*）　1.5　本書で学ぶこと（*5*）

第 2 章　海洋の生物と海洋生態系 ………………………………………… (*7*)

2.1　海洋の生物（*7*）　2.2　海洋の生態系（*8*）　2.3　海洋生態系と陸上生態系の比較（*12*）　2.4 海洋生態系，食物連鎖系の機能と意義（*13*）　2.5　海洋生物にとっての海洋環境（*15*）　2.6 水産業と海洋生態系（*18*）

コラム　①水柱という概念（*21*）　②日本の代表的な漁法（*22*）　③海洋での圧力（*23*）

第 3 章　海水の動きと海水の物理化学 ………………………………………… (*24*)

3.1　海水の動き－海流と潮流（*24*）　3.2　海水の物理化学（*35*）

コラム　④精度と正確さ（*44*）

第 4 章　海洋の低次生物生産過程 ………………………………………… (*45*)

4.1　世界の海の一次生産量の分布とその支配要因（*45*）　4.2　栄養塩と溶存酸素の鉛直分布（*48*）　4.3　プランクトンの示性式とレッドフィールド比（*51*）　4.4　新生産と再生生産（*52*）　4.5　光合成と海洋の光条件（*53*）　4.6　植物プランクトンの季節変動（*55*）　4.7　マーチンの鉄仮説（*56*）

コラム　⑤栄養塩の測定（*59*）

第 5 章　植物プランクトンとその増殖生理 ………………………………………… (*60*)

5.1　多様な植物プランクトン（*60*）　5.2　植物プランクトンの光合成色素（*61*）　5.3　植物プランクトンの増殖曲線と増殖速度（*62*）　5.4　植物プランクトンの増殖に及ぼす環境因子（*63*）

コラム　⑥植物プランクトンの分離と培養（*68*）　⑦一次生産速度の測定（*69*）

第 6 章　海水中の有機物質と物質循環 ……………………………………………（*70*）

6.1　海水中の粒状物と溶存物（*70*）　6.2　海洋の有機物の形態と現存量（*71*）
6.3　海水中の沈降粒子の有機物とその役割（*75*）　6.4　二層ボックスモデル（*76*）
6.5　有機物の生成と分解（*78*）　6.6　有機物の分解過程と海洋細菌（*79*）
6.7　リン，窒素およびケイ素の循環（*81*）　6.8　有機物循環と安定同位体比（*85*）
コラム　⑧海水試料のろ過に用いる様々なフィルター（*88*）

第 7 章　内湾の富栄養化 ……………………………………………………………（*89*）

7.1　富栄養化（*89*）　7.2　赤潮（*90*）
コラム　⑨赤潮が発生するとなぜ魚が死ぬの？（*92*）

第 8 章　河口域と干潟・藻場 ………………………………………………………（*93*）

8.1　河口域の特徴（*93*）　8.2　干潟とその機能（*96*）　8.3　藻場（*98*）

第 9 章　海底堆積物 …………………………………………………………………（*100*）

9.1　堆積物の成因と分布（*100*）　9.2　堆積物を構成する粒子（*101*）　9.3　沿岸堆積物中に生息する生物（*101*）　9.4　沿岸堆積物の堆積と年代測定（*102*）
9.5　沿岸堆積物の有機物含量と有機物分解（*103*）　9.6　海底堆積物の酸化・還元環境（*105*）　9.7　海底堆積物からの栄養塩の回帰（*106*）
コラム　⑩マンガン団塊（*109*）

付　録
植物プランクトン分離株を用いた培養実験（*111*）

参考文献（*115*）

第1章　海洋と低次生物生産過程の研究

1.1　海とは，どんなところか

まずはじめに，地球全体の海を眺めてみよう．地球の表面積の約7割は海である（北半球では約6割，南半球では約8割）．正確には，海洋の面積は$3.6\times10^{8}\,\mathrm{km}^2$，地球の表面積は$5.1\times10^{8}\,\mathrm{km}^2$（地球の半径は6371 kmゆえ，$4\pi r^2=4\pi\times(6371)^2$）であり，地球表面に占める海洋の割合は，$3.6\times10^{8}\,\mathrm{km}^2/5.1\times10^{8}\,\mathrm{km}^2=0.71$（71%）である．すなわち，地球表面の71%は海で占められ，われわれが生活している陸は29%にすぎない．

海洋は相対的に陸地の影響を受けにくい大洋（Ocean）と，地中海や大陸や列島に隣接している縁海などの海（Sea）に分けられる．また，世界の海を，大洋とその付属海に大別することがある．この場合，大洋とは，太平洋，大西洋，インド洋の三大洋を指し，これらで海洋全体の89%を占めている．昔からよく「七つの海」といういい方をするが，これは，「全世界の海」を表す言葉で，実際にどの七つを数えるかは，地域と時代により異なる．現在では，七つの海とは，北太平洋，南太平洋，北大西洋，南大西洋，インド洋，北極海および南極海を指している．

全海洋の平均水深は3800 mであり，富士山の高さ程度である．詳しく見ると，表1.1に示したように，水深4000 mまでの海域が66%，4000～5000 mが33%，6000 m以上が1%である．また，海洋は外洋域と沿岸域に区分することもある．この区分は正確に定義されていないが，水深と陸域からの距離に基づいている．一般に大陸棚の縁とされる水深200 mを境に陸側が沿岸域，沖側が外洋域として分割されることが多い．沿岸海域あるいは大陸棚と呼ばれる海域は，面積的には全海洋の10%弱と非常に割合は少ないが，そこに生息する生物の種類は豊富で，単位面積当たりの生物生産力は外洋域に比べてはるかに大きい．すなわち，生物の活動が盛んで，かつ，それにまつわる物質循環も非常に活発な場所である．

海は，直接，目では見えない世界である．陸は上空から見降ろせば，その土地の色（黒い土か，赤い土かなど）や植物の生えている様子などから，地上の様子はだいたいわかる．しかし，海の場合は，その表面の色が見えるだけで，海の中の様子は簡単にうかがい知れない．海を上から見ても，海の中まで見えないのは，海水中にはプランクトンをはじめ様々な粒子が無数に含まれていて，海水は透明ではないからである（第2章で詳しく解説）．だからこそ，海の中を見てみたい，海のことを知りたいと，われわ

表1.1　海洋の平均水深とその分布

～4000 m	66%
4000～5000 m	33%
6000 m～	1%

※海洋の平均水深：3800 m

れは思わずにはいられない．

1.2　海と生命の誕生

最初の生命は，いつ，どこで，いかにして誕生したかは正確にはいえないが，化石や各種の室内実験からある程度の推論はできる．それによれば，原始地球は火山の爆発，稲妻，滝のような雨をともなうすさまじい場所であったようである．分子状の酸素は存在したとしてもごくわずかで，太陽からの強い紫外線を吸収するオゾン層はまったくなかった．そのような条件下で，雷放電によってメタンや，アンモニア，水素などの無機ガスから，アミノ酸などの単純な有機物が合成されやすかったと考えられ，このことは実験で確かめられている．水を熱しながらCH_4，NH_3，H_2などの気体混合物に放電や紫外線照射すると，反応が起きて低分子の有機物ができる(図1.1)．このような実験は原始地球の状況を正確には再現していないかもしれないが，この実験から有機物が容易に生成することは明らかである．しかも，地球は非常に大きく，場所によっても様々な条件がつくりだされたであろう．そして，何億年という長い時間をかけて，現在の細胞中に見られる低分子有機物が高濃度に集まることも当然あったと考えられる．とにかく，原始地球で合成された低分子の簡単な有機物は，雨によって地表に降下し，原始の海に蓄積し，やがてそれらが重合してタンパク質や核酸などのより複雑な構造をもつ有機物が合成された．そして細胞が発生することになる．そのプロセスには，現在の生物や生体分子に関する知識から，原始細胞が出現するまでに以下の三つの段階があったとされている．すなわち①自身の複製を指令するRNAポリマーの生成，②RNAがタンパク合成を指令する機構の発達，③RNAとタンパク質からなる自己複製する混合物を包み込む脂肪膜の形成，である．

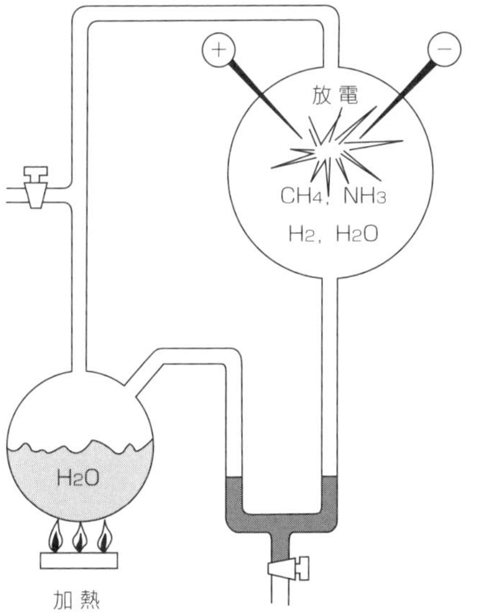

図1.1　原始地球上の条件をまねた典型的な実験 CH_4，NH_3，H_2を含む閉じた装置中の水を熱し，気化した混合物に放電する．有機化合物がU字管のトラップ中にたまる．

このようにして，約35億年前に地球上で分子が自然に集合した結果，陸上に生命が現れるはるか以前に，海の中で最初の生命である原始細胞が誕生した．このように，無機物から有機物が蓄積され，有機物の反応によって生命が誕生したとされる考え方は，旧ソビエトの科学者アレクサンドル・オパーリン（Aleksandr Ivanovich Oparin，1894～1980）によって提唱され，現在の自然科学では最も広く受け入れられている．

いずれにしても，現在，地球上にすむすべての生物は，海で誕生したただ一つの原始細胞に由来していると考えられている．その後，比較的単純な内部構造をもつ小さな細胞（いわゆる原核細胞

（procaryotic cell））から，高等な動植物にみられるような大きく複雑な真核細胞（eukaryotic cell）への変化が起こっていったのである．まさしく，「母なる海」である．

1.3　近代海洋科学の始まり

近代海洋科学の始まりといわれるのは，チャレンジャー号（HMS Challenger）の探検航海である（図 1.2）．英国の三本マストの木製の軍艦が 3 年半（1872～1876 年）をかけて世界の海を一周し，全海洋で生物，海水，海底堆積物など数多くの試料を採取した．この航海は，19 世紀に世界の海を支配した当時の大英帝国が国家の威信をかけて取り組んだ一大プロジェクトであった．15～16 世紀のアメリカ大陸を発見したコロンブスの大西洋横断やマゼランの世界一周航海などは探検が主な目的であり，また，19 世紀のビーグル号の世界一周航海などは科学的な目的はあっても，生物研究を中心とした博物的なものでしかなかった．しかし，このチャレンジャー号の航海は博物的なものから近代科学への大きな転機となる調査であった．この航海により得られた海洋の生物，化学および地学分野における数多くの成果は，全 50 巻のチャレンジャーレポートとして報告されている．その報告書の最終巻が出されたのは，チャレンジャー号の帰国から 20 年後であった．このように，チャレンジャー号の航海は一大プロジェクトであり，この報告は現在の海洋科学の研究に大きな功績を残すことになった．われわれが今，学ぼうとしている海洋の科学は，このチャレンジャー号の探検航海に始まっている．なお，ロンドンの英国自然史博物館には，その報告書とともに，航海の際に採取された世界中の試料が今でも保管されている．チャレンジャー号は日本沿岸も調査しており，瀬戸内海などで採取された海底の泥の試料も保管されている（図 1.3）．

図 1.2　チャレンジャー号
http://commons.wikimedia.org/wiki/File:HMS_Challenger_(1858).jpg より引用．

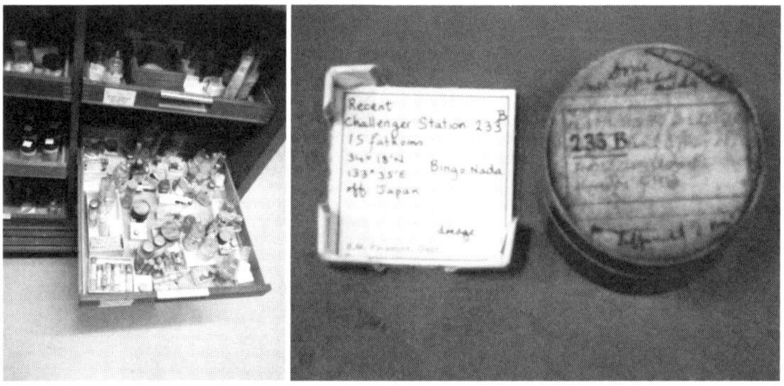

図 1.3　左：英国自然史博物館の標本棚（手前に引き出したのが瀬戸内海の泥のビン）
右：瀬戸内海備後灘の海底から採取された泥の試料（明治８年の採取）
著者撮影．©Natural History Museum, London.

1.4　海洋の低次生物生産過程と生物海洋学，化学海洋学

本書で取り扱う海洋の低次生物生産過程とは，植物プランクトン等の微細藻類（2.1 参照）の光合成とそれに影響を及ぼす環境要因，およびそれにまつわる物質循環を指している．これらの事項は**生物海洋学**（biological oceanography）や，**化学海洋学**（chemical oceanography）の中で取り扱われる．この生物海洋学，化学海洋学は，**海洋学**（oceanography）の一分野である．海洋学は，海洋の諸現象や変動を様々な自然科学的側面からとらえ，われわれを取り巻く海洋を理解し，そこで得られた知識を将来に役立てようとするものである．また，種々の科学を駆使して海を総合的に理解しようとする学問であり，海洋学ほど多くの学問分野を取り込んだものはないといわれている．海洋のどの側面や性質を主に解析するかによって，海洋物理学（物理海洋学），海洋生物学（生物海洋学），海洋化学（化学海洋学），海洋地質学などの主要分野に区分されている．さらにこれらの分野は地球化学，生化学，地球物理学，生物物理学といった学際的分野によって互いに関連している．また，特に，沿岸海域を研究対象とし，河口域・沿岸域での現象を解き明かすことを目的としたものは**沿岸海洋学**（coastal oceanography）と呼ばれる．

海洋学は，われわれを取り巻く海洋を理解しそこで得られた知識を将来に役立てようとするものと述べたが，それでは実際に，どのように海を明らかにし，過去の海を描き出し，さらに将来を予測するのかを，海洋化学を例に見てみよう．海洋化学は，一言でいえば海洋の化学的な状態を調査するものである．この海洋化学の第一段階は，「海洋の状態と，海で起こっている現象を明らかにする」ことである．そのためには，例えば，海水中の化学成分を正確に定量し，海域・水深・時間による濃度変化を明らかにしなければならない．また，それには測定値の集積が必要となる．第二段階としては，「海洋の状態，明らかにされた現象を矛盾なく説明する」ことである．第一段階で見つけた海洋で起こっている現象や事実は，様々な因子が複合した結果であり，海水成分の分布に影響を与える因子や過程を，なぜそのようになったかを矛盾なく説明するのである．さらに，その説明から，統一されたしくみ，理論の構築を行おうとするものである．

1.5　本書で学ぶこと

本書では，まず海洋を生物生産の場としてとらえ，特に沿岸海洋に注目して，そこで行われる低次生物活動とそれに影響を及ぼす環境要因について理解する．さらに，海洋を一つの物質循環系としてとらえて，生物生産にまつわる物質循環を主に生物や化学の立場から学習する．本書では，「第2章 海洋の生物と海洋生態系」で海洋の生態系を陸上生態系と比較しながらその特徴を理解し，「第3章 海水の動きと海水の物理化学」で地球規模での海水の循環，海流や潮流，さらに，海水の化学組成や物理化学的性質を学ぶ．そして「第4章 海洋の低次生物生産過程」では，海洋の低次生物生産過程とそれにまつわる物質循環について解説する．また，「第5章 植物プランクトンとその増殖生理」では低次生産者の主役である植物プランクトンの増殖やその増殖に影響を及ぼす因子について学習する．そのうえで，「第6章 海水中の有機物質と物質循環」では海水中の物質とその循環について理解する．さらに，「第7章 内湾の富栄養化」と「第8章 河口域と干潟・藻場」では内湾の富栄養化や赤潮について，また，河口域・干潟域・藻場といった沿岸海域の中でも，特殊でかつ，重要な場所について学ぶ．最後に，「第9章 海底堆積物」では海洋堆積物中の物質と表層堆積物中での有機物の分解について学ぶ．本書では，海を広く理解するために，第2～4章，および第6章では外洋域・沿岸域を問わず，一般的な海について解説し，第5章および第7～9章では特に沿岸域に注目して解説した．

この節の冒頭部分で，「海洋を一つの物質循環系としてとらえ……」と述べた．これは，海洋を一つの物質循環系，いわば，大きな器として，海の中で物質はどのように動くのかをみるということである．それが実際にどういうことなのかを，海洋の物質収支について，ここで少し簡単に説明しておく．少し専門的知識がないと簡単には理解できないかもしれないが，本書では，海洋の低次生産過程と物質循環を通して海洋を動的にとらえるセンスを身につけることを目標としている．そのために，まず，最初に知っておかなければならないのは，海洋は閉じた系ではなく，常にある量の供給と除去が起こっており，それによって成分の時空間変動が生じているということである．すなわち，海洋では三つの境界面での物質の出入りがある．その三つの境界面とは，①陸－海洋の界面（河口域・沿岸域），②大気－海洋の界面，③海洋－海底の界面である（図1.4）．①陸－海洋の界面（河口域・沿岸域）では，河川を通して陸起源の物質が海に流入し，海洋生物の栄養となるような物質も供給される．この海域は，面積的には全海洋の10％弱と非常に狭いが，生物活動が活発で物質の動きは著しい場所である．②大気－海洋の界面では，大気から海洋への物質の供給（大気降下物）が起こっている．大気中に浮遊する粒子（エアロゾル）は量的にはきわめて少ないが，大気の動きは速いので輸送量は無視できない．海洋学の研究が進み，深海底に堆積する粘土鉱物のかなりの部分が大気から供給されていることがわかってきた．最後の③海洋－海底の界面について見てみると，海底は海水から除去されたものの“たまり場”であるが，同時に一度，除去されたものが海水に回帰する場でもある．水深の浅い沿岸域では，海底から海水中に回帰するものが再び表層まで容易に到達するので，特に重要となる．

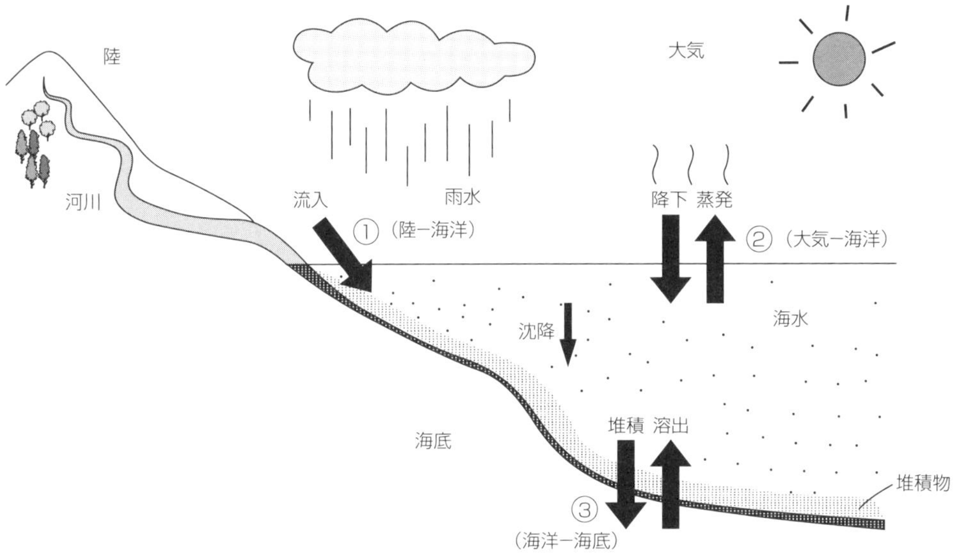

図 1.4　海洋における物質の出入りと三つの境界面

以上のように，海洋では三つの境界面での物質の出入りがあり，その物質の動きは，海洋の低次生物生産過程に大きく影響を及ぼすと同時に，生物活動によって海洋の物質循環が形成されていくのである．そのことを，本書では，主に，生物と化学の立場から学ぶ．これは，海洋の低次生物生産過程を理解するうえで，非常に重要となる．

第2章　海洋の生物と海洋生態系

2.1　海洋の生物

海洋に限らず，生物圏に生息する生物を把握するために，分類学ではそれぞれの生物の種に対してラテン語表記の**学名**（scientific name）を与えて記載している．莫大な量の生物を同定し，分類記載をするために，これらの生物は共通の特徴をもつものごとにまとめられ，多くのグループに分けて整理されている．生物は最初，植物界と動物界という2つの界（kingdom）に大別されていた（二界説）．現在は，これに菌界，原生生物界，原核生物界の新たな3つの界を加えた五界説が広く受け入れられているが，さらに細分化する説もある．さらに，界は生物の基本的な体の構造によって，**門**（動物界ではphylum，植物界ではdivision）に分けられる．各門は，さらに特徴の相違により順に**綱**（class），**目**（order），**科**（family），**属**（genus），**種**（species）と階層化されることで，体系づけられている．生物の学名は，カール・フォン・リンネ（Carl von Linnè，1707～1778）によって確立された二名法（または二語名法）に基づいている．学名は属名と種小名の二語を用いて表記される．属名は大文字で，種小名は小文字でそれぞれ書き始める．なお，専門家どうしの間では種小名を習慣的に“種名”ということも多い．学名は斜体（イタリック体）を用い，斜体が利用できない場合は学名に下線を引いて用いる．例えば，海洋性プランクトンで，夜の波打ち際などで光ってみえる夜光虫（ノクチルカ）ならば，*Noctiluca scintillans* または Noctiluca scintillans と表記する．また，学名は世界共通のものであるが，日本では学名と一対一となるように標準和名が付けられているものが多い．例えばアサリは学名が *Ruditapes philippinarum* で標準和名がアサリである．しかしながら，夜光虫のようなプランクトンでは，一部の種類を除いて標準和名が付されている種はほとんどない．そこで，一般的に夜光虫は（通称）「夜光虫（ヤコウチュウ）」，あるいは学名のラテン語読みをカタカナ表記して「ノクチルカ」などと記されることが多い．

地球上にいったい何種類の生物が存在するかはまだよくわかっていない．海洋生物の分類情報をまとめたデータベースによると，海洋生物の記載種は近年飛躍的に増加しており，2010年代で約22万種が記載されている．最近の研究では，地球上には870万種以上の生物が存在し，そのうち海洋には220万種の生物が生息しているとされている．ただし，陸上の生物の約86%，海洋の生物の約91%は，まだ見つかっていないと推測されている．いずれにしても，海洋に存在する生物の種数は陸上のそれと比較すればはるかに少ない．その主な理由は，海洋環境が陸上に比べて単調であるからと考えられている．

表2.1　海洋生物の生活様式による分類

浮遊生物（プランクトン）	植物プランクトン，動物プランクトン，従属栄養細菌
遊泳生物（ネクトン）	魚類，遊泳性のエビやカニ，甲殻類，頭足類，海産爬虫類，哺乳類
底生生物（ベントス）	貝類，底生動物（魚類を含む）

さらに，海洋に生息する生物のうち，海水中に生息しているものはわずか2%で，残りは海底で生活している．この理由も海底の環境に比べて，海水中の環境が単調であるためと考えられる．海洋に生存している生物は，その生活様式により，水中に漂う**浮遊生物**（**プランクトン**：plankton），遊泳能力がある**遊泳生物**（**ネクトン**：nekton），海底で生活を営む**底生生物**（**ベントス**：benthos）に大別される（表2.1）．プランクトンの語源はギリシャ語で，“放浪者”，“さまよい歩くこと”という意味があり，そこから，「さまよい歩くように運命づけられているもの」といった意味もある．プランクトンは，海水の流れに逆らって移動することができず（遊泳能力がなく），水の流れによって受動的に運ばれる生物のことを指す．したがって，大型でもクラゲのように海水の動きにともなって移動している生物もプランクトンに含まれる．プランクトンのうち，太陽エネルギーを利用して光合成を行い，二酸化炭素と水，無機栄養塩類（第4，5章参照）から有機物を生産する**植物プランクトン**（phytoplankton）は単細胞生物で，生態系内では「生産者」にあたる（口絵1）．一方，光合成を行わず，植物プランクトンを摂食して生活する**動物プランクトン**（zooplankton）には，生息数，生物量ともに多い橈脚（カイアシ）類や繊毛虫類のほか，様々なベントスの幼生等も含まれている．したがって，プランクトンの中には，生涯を浮遊生活で過ごす**終生プランクトン**と，一生のうちある時期だけを浮遊生活で過ごす**一時プランクトン**に分けることができる．プランクトンに対して，ネクトンは，海水の流れに逆らって泳ぐことができる生物である．その大部分は魚類であるが，遊泳性のエビやカニ，オキアミなどの甲殻類，イカやタコなどの頭足類，ウミヘビやウミガメなどの海産爬虫類，さらにクジラやアザラシのような海産哺乳類が含まれる．また，ベントスは，ギリシャ語で「海底」という意味であり，その名の通り海底で生活する生物を指す．ベントスには，アサリやハマグリなどの二枚貝，ゴカイのように砂や泥の中に潜っている生物や，イソギンチャク，アワビのように硬い岩などに付着している生物のほか，ヒラメやカレイのような海底付近で生活する魚類も含まれる．

2.2　海洋の生態系

生物がかかわりあって形成している一つの系を**生態系**（ecosystem）という．したがって，生態系という語は環境のまとまりを意味し，そこに生息する生物や生物以外の物理・化学的な要素もすべて含んでいる．生態系内の無数の生物と非生物のすべての間に存在する相互関係を織り込んだ，自然のシステムについての研究を**生態学**（ecology）という．生物は「食う－食われるの関係」でつながっているが，食う側の「捕食者」も他の動物に食われる側の「被捕食者」になる場合が多く，「食う－食われるの関係」は一連の鎖のようにつながっているため，これを**食物連鎖**（food chain）と呼ぶ．また，捕食者は一種類の生物しか捕食しないわけではなく，ふつうは複数の生物を餌にしており，「食う－食われるの関係」は一本の鎖ではなく複雑な網目状になるため，**食物網**（food web）ともいう．

図 2.1 に海洋の生態ピラミッドを示した．海水中には，光合成により無機物から有機物を生産する植物プランクトン等の微細藻類，海藻，海草および一部の細菌（バクテリア：bacteria）が生息しており，このような生物群を**独立栄養生物**（autotroph）と呼ぶ．独立栄養生物は海の生産者であり，量的に最も重要なものは，広く世界中の海に分布している植物プランクトンで，**一次生産者**，または**基礎生産者**（primary producer）と呼ばれる．これに対して，植物プランクトンを摂食する動物プランクトンは**一次消費者**（または，二次生産者），さらに，動物プランクトンを捕食するイワシなどの小魚などを**二次消費者**（または，三次生産者），小魚を捕食するサバなどの中型魚を**三次消費者**（または，四次生産者），中型魚を捕食するサメなど大型魚を**四次消費者**（または，五次生産者）と呼ぶ．これらの消費者は前述の独立栄養生物に対し**従属栄養生物**（heterotroph）と呼ぶ．なお，厳密には，**摂食**とは，口元に接近してきた食物を食べるこ

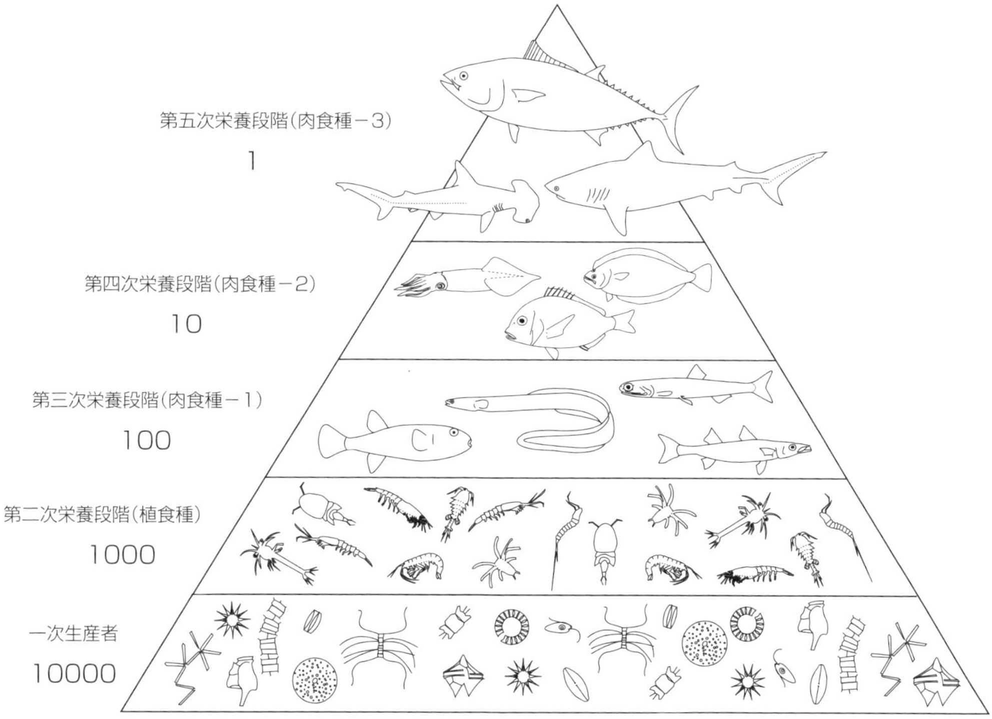

図 2.1　海洋の生態ピラミッド
図中の数字は第五次栄養段階生物の量を1とした場合の下位の生物の捕食される量．

とをいい，**捕食**とは自ら食物のところまで移動して食べることを指し，両者は区別されている．以上のように，海洋における一般的な食物連鎖は，植物プランクトン→動物プランクトン→ネクトンとなっている．このように，海洋においては高次の消費者にいたるまでのいくつかの段階があり，これを**栄養段階**（trophic level）という．四次消費者（五次生産者）の相対量を1とした時に，三次消費者（四次生産者）の捕食される量は10となる．さらに，さかのぼっていけば一次生産者が捕食される量は10000となる（図2.1）．

これらの生産者と消費者のそれぞれの存在量は，**生物量**（バイオマス：biomass）と呼ばれ，海水の単位体積当たりの生物重量（g/L），あるいは**水柱**（water column）（コラム①参照）や海底における単位面積当たりの生物重量（g/m^2）として表される．また，それぞれ生物重量ではなく，炭素重量（gC/L あるいは gC/m^2）で表されることも多い．生産者と消費者の生物量は，陸上生態系であれば一次生産者である植物が二次生産者である動物に比べて圧倒的に多く，ピラミッドの下位のものほどその生物量は大きく，上位になるにしたがって小さくなる．しかしながら，海洋では，一次生産者である植物（主に植物プランクトン）の生物量は一次消費者の動物（主に動物プランクトン）をしのぐものの，決して圧倒的に多いわけではなく，必ずしも生物量がピラミッド型を成すわけではない．その理由は次節の2.3に述べるように，海洋では植物も動物も小型で短寿命である一方で，その生産力が陸上のそれに比べてはるかに大きく上位栄養段階生物に速やかに利用されるからである．海洋生態系の大きな生産力は，限られた無機栄養分を1年間に何度もくり返し再生利用し，その回転速度が高いことによって保たれている．

また，ピラミッドの上位のものが一つ下位のものを摂食あるいは捕食した場合，食べた餌のうち，自らの成長のために同化されるのは，ごくわずかで，残りは餌を捕えたり呼吸のための代謝エネルギーとして消費され，また，糞として排出される．ある栄養段階の生産速度（単位時間，単位面積当たりに生産される有機物量）をそのひとつ下の生産速度で割った値を**転送効率**（transfer efficiency）という．栄養段階間のエネルギー転送効率は3～20％で平均10％程度とされている（生産性の高い沿岸域では20％以上のこともある（図2.2））．なお，海洋には種々の特性をもった海域があり，それぞれで主な食物連鎖の栄養段階の数が異なっている．一般に外洋域では低いエネルギー転送効率で長い食物連鎖があり，沿岸域や生物生産が盛んな湧昇域[*1]では，短い食物連鎖が特徴的に報告されている．

以上の生産者と消費者の他に，海洋生態系には有機物を分解して再び一次生産者に利用可能な無機物にするバクテリアなどの**分解者**（decomposer）が存在している．バクテリアによるこの有機物の無機化過程は，生態系における物質循環において非常に重要である．一方，80年代の半ばに，**微生物ループ**（microbial loop あるいは microbial food chain）と呼ばれる連鎖系の概念が提案された．この微生物ループは細菌群集による溶存有機物の利用を出発点としており，植物プランクトンを起点とする**生食食物連鎖**（grazing food chain）と密接に関連している（図2.3）．この微生物ループの中では，バクテリアは分解者ではなく，生産者として機能している．現在，植物プランクトンによる光合成産物の30～50％程度は微生物ループを通じて流れるとされており，これを無視して海洋の食物連鎖を語ることはできない．

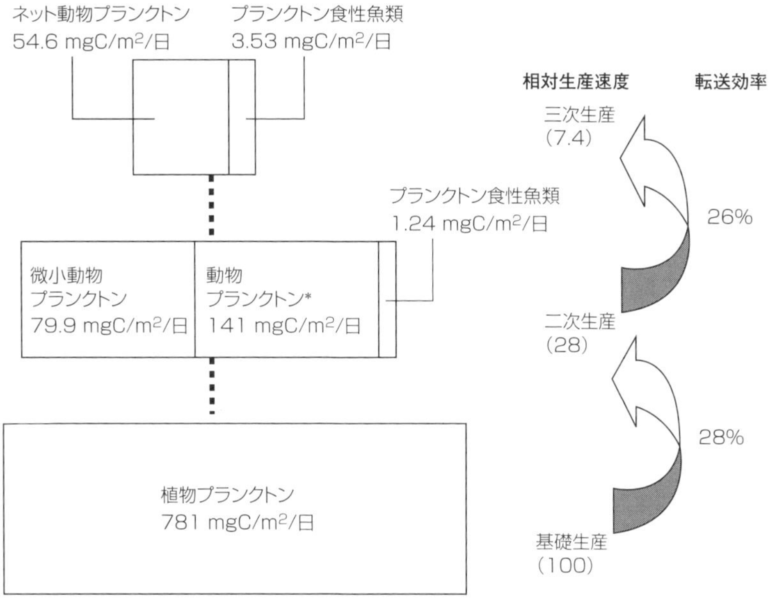

図 2.2　瀬戸内海における基礎生産から三次生産へ至る栄養段階の模式図（上（1996）の図を改変）
* 20～200 μm のものを微小動物プランクトン，200～2000 μm のものをネット動物プランクトンとしている．

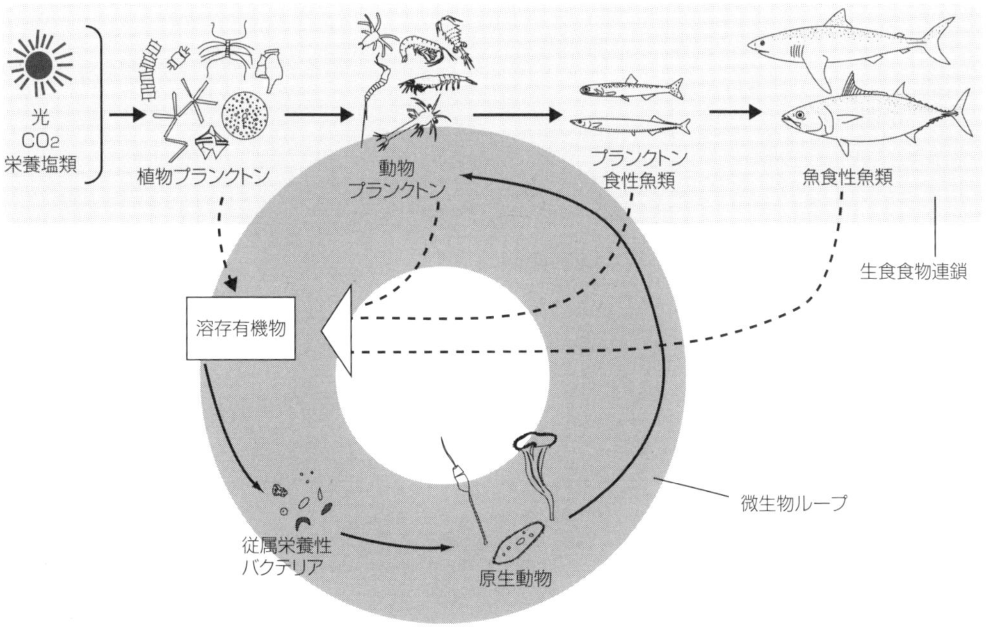

図 2.3　海洋の生食食物連鎖（植物プランクトンから魚類へ）と微生物ループ（バクテリアと原生動物）の関係（關·長沼（2006）を改変）
点線は代謝過程における溶存有機物の放出を示す．溶存有機物は従属栄養性バクテリアの炭素源となる．さらに，従属栄養性バクテリアは原生動物に，さらに大型動物プランクトンに捕食される．

2.3　海洋生態系と陸上生態系の比較

生態系とは様々な生物がかかわりあって形成されている一つの系であり，そこに生息する生物や生物以外の物理・化学的な要素もすべて含んでいる．すなわち，生態系とは，植物が光合成によって有機物を生産し，それが食物連鎖を通じて動物に消費され，さらにそれらの死骸や排泄物が微生物によって分解され，もとの無機物へと還元されるといった物質が循環している系である．こうした基本的な生態系の構造は，生産→消費→分解としてとらえられ，陸上と海洋では，何ら差異はないように見える．しかしながら，食物連鎖が駆動している様子を詳しく見れば，陸上と海洋ではかなり異なる（表2.2）．

まず第一に，海洋でも，陸上でも，食物連鎖の出発点は植物であるが，両者では，その植物の大きさが決定的に異なる．陸上では，植物は背の低い草木から巨大な樹木までわれわれ人間の目に見える大きさであるが，海洋では植物の大部分が植物プランクトンと呼ばれる顕微鏡でなければ観察できない小さな単細胞生物であり，その大きさは1 μm～1 mm 程度である．ただし，ワカメなどの大型海藻も，面積的には全海洋の数%にすぎない浅海域の一次生産に大きく寄与している．

第二に，海洋と陸上では一次生産者の生産速度（単位時間，単位面積当たりに生産される有機物量）が異なる．表2.3 に示すように，植物プランクトンの生物量は陸上植物の生物量に比べてはるかに小さく，単位面積当たりの生物量は約1000分の1である．一方，その単位面積当たりの生産量は約5分の1である．すなわち，海と陸における植物の生物量は1000倍も違うのに，生産量は5倍しか違わない．表2.3 には，1年間の**生産量**（production）

表2.2　海洋生態系と陸上生態系の相違点

(1) 食物連鎖の出発点（植物）のサイズ
(2) 基礎生産者の生産速度
(3) 栄養段階の数
(4) 物質循環（分解と再生）の様式

表2.3　海洋と陸上における一次生産量と植物生物量の比較

	一次生産量（P）（gC/m^2/年）	植物の平均生物量（B）（kgC/m^2）	P/B 比（/年）
海洋			
外洋域	57	0.0014	41
湧昇域*1	255	0.01	26
海洋平均	69	0.0049	14
陸上			
熱帯多雨林	900	20	0.045
温帯落葉樹林	540	13.5	0.040
温帯草地	225	0.7	0.32
陸上平均	324	5.55	0.058

数値は，Woodwell（1980）を一部改変

*1　湧昇域：時空間的に，数日以上，数km以上の広がりをもって，下層の海水が上昇運動している海域．一般に湧昇域では下層からの冷たい海水が上昇して表層の水温が顕著に低いのが特徴である（3.1 参照）．

を**生物量**（biomass）で割った**回転率**（P/B 比）を示しておいた．このP/B 比は年間の生物量の入れ替わり回数，すなわち世代交代の目安となる値である．海洋ではP/B 比は平均14 で，陸上平均の0.058 に比べて240 倍の回転率である．つまり，海洋の植物（植物プランクトン）はその生物量は少ないが，生物量当たりの生産力は，陸上植物に比べて240 倍も大きい．それは，陸上植物はその大きな体を1 年や2 年，あるいは数十年もかけて作りあげるのに対し，植物プランクトンは半日から数日で2 倍に増えることができるからである．単細胞の植物プランクトンに対して，陸上植物では光合成が行われる葉に加えて，枝や幹，根など光合成に直接かかわらない器官の割合が大きいため，P/B 比が小さくなっている．

第三に海洋と陸上では，栄養段階の数が異なる．海洋では，陸上よりも栄養段階の数が多い．われわれ人間はタンパク源として豚肉や牛肉を食べる．豚や牛は草食動物であるため，栄養段階は二段階めである．一方，われわれがハマチを食べるとすると，ハマチはイワシなどを餌としていることから，植物プランクトン→動物プランクトン→イワシとなり，その捕食者であるハマチは四段階めとなる．なお，前述（2.2）のように同じ海洋でも，外洋域は長い食物連鎖（低い生産効率で多い栄養段階）であり，沿岸海域や湧昇域では短い食物連鎖（高い生産効率で少ない栄養段階）の傾向がある．

第四に海洋と陸上では，物質循環（分解と再生）の様式が明らかに異なる．すなわち，陸上では分解と再生が同じ場で起きる．例えば，植物の枯葉や動物の死骸は，その場で分解され，またその場で再利用されていく．もちろん土壌に分解物や再生された無機物が浸み込んではいくが，鉛直方向の輸送が比較的小さい．一方，海洋では，生物死骸などは，その場で分解されずに深層へと沈降してゆくものもある．また再生された無機物は光合成のために十分な光が届かない深層では，すぐには利用されない．このように，物質循環の場が鉛直方向に大きく広がっていることが海洋生態系の特徴といえる．

2.4　海洋生態系，食物連鎖系の機能と意義

海洋の食物連鎖系では，前述のように栄養段階が上がるごとにその生物量は減少するが，逆に，生物体のサイズは，栄養段階が上がるごとに大型化する（図2.4）．海洋では，陸上と異なり餌が沈むため，そのまえに捕食者は餌を丸のみしなければならない．したがって，基本的には食うものは食われるものよりも大きいことが，海洋の食物連鎖の基本ルールとなる．一方，餌のサイズが小さすぎても，摂食，捕食するのは難しくなる．海洋では，微細な植物プランクトンを摂食するのは，小型の動物プランクトンで，彼らは繊細なろ過器官を備えており，植物プ

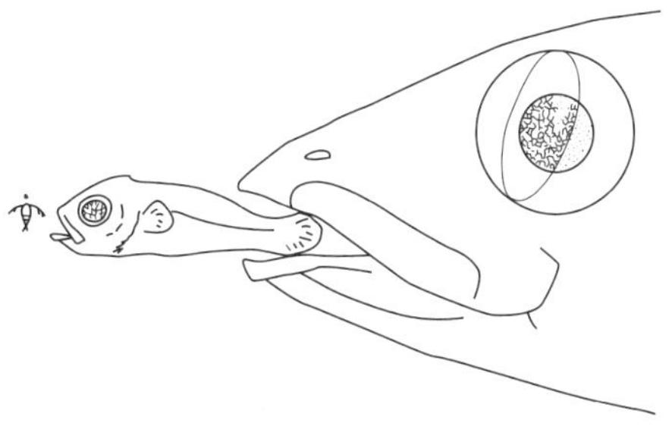

図 2.4　海洋の食物連鎖系における体サイズの変化（谷口，1986）
この図では，30 μm の植物プランクトン（カイアシ類の頭上の点），体長が 3 mm のカイアシ類，3 cm の稚魚，30 cm のマサバ成魚の頭部の一部をその体サイズの比率で描いてある．

ランクトンを海水からこし分けることができる．さらに，植物よりも少しサイズの大きい動物プランクトンは小型魚に，小型魚は中型魚に，そして中型魚は大型魚へと，順次有機物が利用される．この「食う－食われるの関係」は，食物連鎖を通じて，有機物の塊（生物の体）が，順に大きくなることを意味している．以上のことから，微細な植物プランクトンから巨大なクジラまでを含んでいる海洋生態系では，食物連鎖の栄養段階を重ねることによりサイズの大きな生物が生存可能となるのである．

また，有機物の質に注目すると，栄養段階が上がるごとに，より良質の有機物（タンパク質）に組み替わることが挙げられる．このことをタンパク質のアミノ酸組成で見てみよう．栄養学の分野では**必須アミノ酸指数**（EAAindex：Essential Amino Acid Index）や**タンパク価**（protein score）によりタンパク質の“質”の判定が行われている．この考えをそのまま海洋生態学に応用してみると次のようになる．必須アミノ酸指数は次式で表される．

$$\mathrm{EAAindex} = \sqrt[n]{\frac{A}{Ae}\times 100\times\frac{B}{Be}\times 100\times\cdots\cdots\times\frac{J}{Je}\times 100} \qquad (2.1)$$

ここで，A，B，……J は試験タンパク質中のそれぞれの必須アミノ酸の含量（%）で，Ae，Be，……Je は全卵タンパク質中のそれぞれの必須アミノ酸含量（%）である．n は計算に用いた必須アミノ酸の種数である．全卵タンパク質は栄養価が高いので標準タンパク質として選ばれることが多い．すなわち，必須アミノ酸指数とは，比較対照とするタンパク質の必須アミノ酸組成を分子に，全卵タンパク質の必須アミノ酸組成を分母に取り，全卵タンパク質を 100 として，それぞれのタンパク質の栄養状態を相対値で表すものである．ここでは，この必須アミノ酸指数の式を少し変更して，分子に餌生物の必須アミノ酸組成を，分母に摂食者・捕食者のそれを取り計算した結果を図 2.5 に示している．ただし，海洋の各栄養段階の生物にとってどのアミノ酸が必須であるかはよくわかっていない部分もあるので，ここでは，魚類やエビにとって必須であることが明らかになっているアルギニン，ヒスチジン，リジン，イソロイシン，ロイシン，メチオニン，フェニルアラニン，スレオニン，バリン，およびトリプトファンの 10 種を必須アミノ酸として計算している．概括的にいえば，この必須アミノ酸指数は 90 では良質で，80 では中程度，

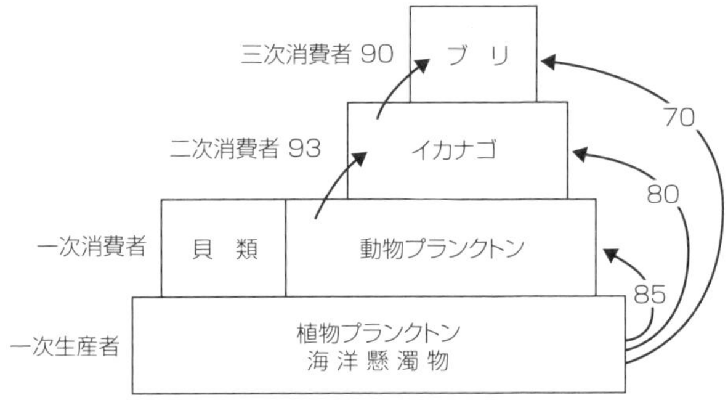

図 2.5　海洋の食物連鎖系におけるタンパク質の栄養価値（必須アミノ酸指数）の変化（岡市，1978）

70では質の悪いタンパク質と考えることができる．これらの値と比較してみると，植物プランクトンや海洋懸濁物（第6章で解説）のタンパク質は，平均的には動物プランクトンや貝類（ハマグリ）に対して85であり，かなり優れたものであるといえる．また，イカナゴに対しては80で質的に多少低下し，ブリにとっては70でかなり悪いタンパク質である．一方，イカナゴと動物プランクトン，またブリとイカナゴの間の関係を同じように調べてみると，栄養段階の隣り合ったものどうしでは必須アミノ酸指数は高くなる．この必須アミノ酸に見られるような各栄養段階間で起こる質的変化は，脂質についてもあてはまるといわれている．以上のことを総合して考えると，一次生産者の植物プランクトンにより光合成で生産された有機物は，食物連鎖の段階を一段上がるごとに組み替えられ，連鎖系の上位のものほど良質なものに変わっていく．このことも，海洋生態系，食物連鎖が機能することの意義と考えられる．

2.5 海洋生物にとっての海洋環境

海洋に生息する生物にとって，海洋という環境とはどんなところだろうか．まず，ここでも陸上と海洋を比較して考えてみる．空間を空気で満たされている陸上と，海水で満たされている海洋とでは，生物にとって両者の環境は大きく異なる．水は空気に比べて密度，粘度，吸光度が大きい．すなわち，水は空気よりも重く，混ざりにくく，さらに光を通しにくい．そして，水はその密度，粘度が大きいため，海水中の固形物には，浮力が働き，摩擦抵抗により沈みにくい．その結果，海洋生物は陸上生物のように頑丈な骨格を必要としない．また，海水は混ざりにくいために，海水中に溶けている微量成分の分布には，しばしば偏りが生じる．さらに光が透過しにくいため，事実上，数百m以深には自然光は届かない．さらに，水は空気よりも比熱が大きいために，潮間帯，潮だまり，河口域などを除く海洋では，陸上に比べ水温の変化は穏やかである．さらに，第3章で述べるように海水の主要化学組成は一定（3.2.1，3.2.2参照）であり，生物体内の物理，化学的条件の恒常性[*2]は容易に保たれている．前述の海洋に生息する生物の種類数が，陸上に比べて少ないという事実には，以上述べたような水の特性による海洋環境の特徴が大きく関与しているのである．

2.2に述べたように，海洋における有機物生産は，大部分が植物プランクトンの光合成活動によるものである．すなわち，植物プランクトンは，海洋生態系のピラミッド（図2.1）の底辺に位置し，その生物量は海洋生物の中で最も大きく，かつ，海洋の食物連鎖，有機物生産の出発点である．高次栄養段階生物の魚類まで，その有機物はすべて，植物プランクトンの光合成にその起源を求めることができる．そこで，この重要な植物プランクトンと海洋環境について詳しく見てみたい．

植物プランクトンは光合成に際して光を必要とするが，海洋に入射した光は，吸収と散乱により水深とともに指数関数的に減衰していく（図2.6）．

[*2] 恒常性（ホメオスタシス）：生物体の体内の諸器官が，外部環境（気温，湿度など）の変化などに応じて，体内環境をある範囲に保っている状態．

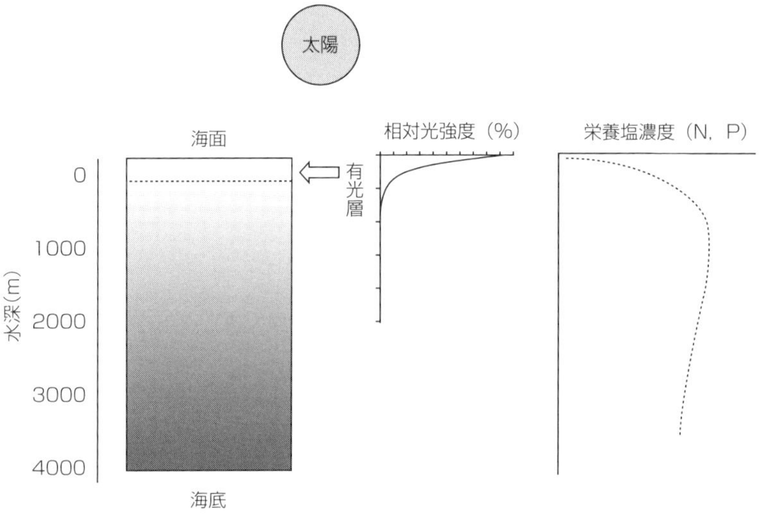

図 2.6　海洋の平均水深と有光層（無色の部分）（左），相対光強度（中央），および栄養塩の鉛直分布（右）

植物の成長に十分な光がある水層を有光層（第 4 章で解説）というが，植物プランクトンが光合成を行うためには，有光層に留まっている必要がある．ところが，植物プランクトンの増殖に必要となる栄養塩の鉛直分布は図 2.6 に示すように表層でその濃度が低い．すなわち，栄養塩濃度は表層では非常に低く，表層から中深層までは深さとともに増加し，それ以深では一定あるいは減少している（第 4 章で解説）．したがって，植物プランクトンの増殖にとっては栄養塩が希薄な表層はきわめて厳しい環境ということになる．植物プランクトンは，光が豊富な表層に留まり，しかも希薄な栄養塩を効率良く摂取しなければならない．それを，可能にしているのが，植物プランクトンのサイズが小さいこと（1 μm～1 mm 程度）なのである．

海水中を沈降する細胞を考えた場合，その細胞表面には海水との摩擦抵抗が生じ，表面積の大きな細胞は沈みにくい．一方，生物の重量は体積に比例するので，体積の大きな細胞は沈みやすい．今，半径 r の球形細胞の表面積を S，体積を V とすると，$S = 4\pi r^2$，$V = \frac{4}{3}\pi r^3$ である．表面積 S は摩擦抵抗に比例し，体積 V は沈降力に比例するので，その両者の比（S/V）は沈みにくさの指標と考えることができる．S/V は計算すると 3/r であり，r が小さいほど S/V は大きくなることがわかる．すなわち，サイズが小さいほど，沈みにくいのである（図 2.7）．さらに，細胞の表面積 S は，植物プランクトンが，周囲の海水から栄養塩を吸収する時の摂取面積であり，体積 V は細胞の栄養塩摂取量と比例する．この点から考えると，細胞が小型化して r が小さくなるほど，S/V は大きく沈みにくくなり，体積当たりの表面積が大きくなることで，効率良く希薄な栄養塩を吸収できることになる．前節で海洋生態系の特徴として，その食物連鎖の出発点の植物プランクトンはサイズが小さいことを述べたが，その理由は，小型細胞は光を獲得するために表層に留まることと，希薄な栄養塩を利用することの二点を，同時に実現することができるからである．植物プランクトンは，海水中をゆっくり沈降しながら効率良く栄養塩を吸収し，速く分裂して増え，海の中を広い範囲に散らばり，何割かが表層に戻るという戦略を取っており，

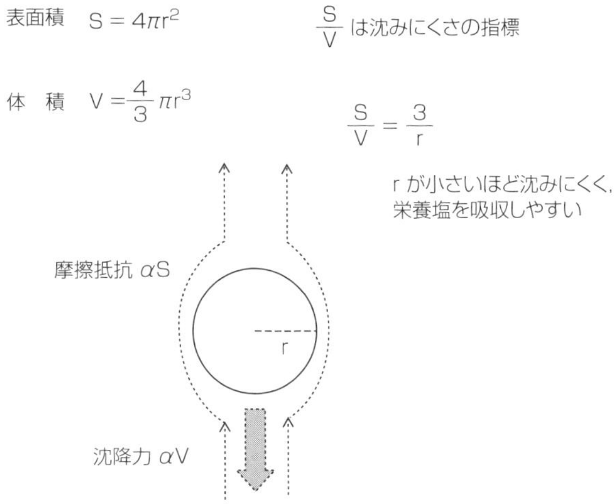

図 2.7　植物プランクトン細胞を球形と考えた際の表面積，体積，沈みにくさ（谷口，1995）

海洋という環境に最も適した生物であるといえる．

以上に述べたように，植物プランクトンは①生物量が最も大きい，②海洋の有機物生産の出発点，および③海洋という環境に最も適応している，という三つの理由から「海は植物プランクトンの世界」といえるのである．

植物プランクトンの細胞が非常に小さいことと，海水が粘性をもった溶媒であることについて，もう少し詳しく触れておきたい．植物プランクトンは，2.1 に述べたように遊泳能力をもたない浮遊生物であり，水の流れに逆らって泳ぐことはできない．そもそも海水の中を運動する生物には慣性力と粘性力の両方が働いている．流体力学において慣性力（まわりとは別に動こうとする力）と粘性力（まわりの流体要素と同様に動こうとする力）の比を**レイノルズ数**（reynolds number）という．レイノルズ数は，粘性力に対する慣性力の強さと見ることができ，単純化すると，

$$\text{レイノルズ数} = \text{慣性力} / \text{粘性力} = \text{物体の速さ} \times \text{物体の長さ} \div \text{粘っこさ} \tag{2.2}$$

と表現できる．すなわち，物の動きの勢い（慣性力）が媒体の粘り（粘性力）に比べて大きいほど，レイノルズ数は大きい．したがって，体が大きく速い速度で泳ぐクジラやマグロなどは，レイノルズ数が大きく，海水に粘っこさを感じず，ゆうゆうと泳ぎスピードが持続しやすい．しかし，逆に，急には止まれない．一方，プランクトンは細胞が小さいために，レイノルズ数は小さくて海水の粘性に支配されている．まわりの液体の粘っこさが 1000 倍になっても，物体の大きさが 1000 倍になれば，レイノルズ数は同じになる．つまり，プランクトンが海水の中を泳ぐのと，人間が蜂蜜《はちみつ》やシロップの中を泳ぐのとは，ほぼ同じくらいのレイノルズ数となる．

2.6　水産業と海洋生態系

水産業（漁業と養殖業）は，われわれの生活を支える食料生産産業の一つで，第一次産業に分類され，しばしば農業や畜産業とひとくくりにして扱われている．しかし，その生産様式に着目すると，水産業には農業や畜産業とはまったく異なった特徴がある．ではいったい何が違うのだろうか？　この問題を考えるため，まず農業と畜産業について見てみよう．

人類はおよそ10000年前までは，もっぱら狩猟と採集によって陸上から食料を得ていた．ところが，最終氷期の終了という気候変動上の出来事を契機に，食料調達手段としての植物栽培と家畜飼養を身につけた（食糧生産革命）．それ以来，われわれは陸域生態系の中に農耕地や畜産場といった副次的な生態系を作り出している．わが国における農業の現状についてみてみると，作物生産に際して高収量を実現するための施肥や化石燃料の投与，さらには病害虫駆除のための農薬散布等が日常的に行われている．また，生産対象となる作物や畜産物に対しては，品質や収量の向上あるいは安定生産のために品種改良が進められている．そのため，現在では，管理が行き届いた農耕地からは，熱帯雨林に匹敵するほどの植物生産をあげることが可能となっている．つまり農業や畜産業は主に，人の管理する生態系と農畜産物を対象にした産業だといえる．

一方の水産業はどうだろうか．まず，海面漁業と養殖業の漁業生産量（図2.8）についてみてみよう．わが国における総生産量は400万t強であり，このうちの約80％に相当する区分を漁業（沿岸漁業，沖合漁業，遠洋漁業の和）が占めている．沿岸漁業，沖合漁業，遠洋漁業は，漁具・漁法（コラム②参照）や主な漁獲対象種は異なるが，いずれも海での「狩猟」行為であることに変わりはない．つまり，野生生物を資源として調達することが，産業の基幹を担っている．一方，生産量の残りの20％程度は，養殖業が担っている*3．著者らが住む香川県はハマチ養殖発祥の地であり，養殖というと多くの人がまず魚類養殖を思い浮かべる．しかし，これら肉食性を主とする魚類の生産量は，養殖業全体の20％強を占めるにすぎない（図2.8右）．養殖による漁業生産量の残りの大部分は，海水中の懸濁物（第6章参照）を摂食する貝類（ホタテやカキなど）と，一次生産者である海藻類（ノリやワカメなど）である．懸濁物食者や海藻類の養殖は基本的に，潮汐や潮流とともに移出入する懸濁物質や海水中に溶存する栄養物質を生物が利用することで成立している．したがって，その生産様式は前述の農畜産業とはまったく異なるものである．

以上のように，水産業とは，その大部分を海洋という自然の生態系に依存した産業だといえる．すなわち，水産業は農業や畜産業に比べるときわめて粗放的であり，海に元来そなわっている生物生産性（自然の恵み）に大きく依存した生産様式をとっている．事実，ある海域の海面漁業の漁獲量は，その海域の一次生産量に比例して高くなる傾向がある（図2.9）．読者の中にはこれらの事実をもって，水産業は農業や畜産業よりも後進的だとの感情を抱く人がいるかもしれない．しかし著者らはむしろ，陸上ではるか昔に廃れた「自然との調和，自然の掟に基づく行為」が今日

*3　世界規模でみると，養殖業の比率はもっと高い．

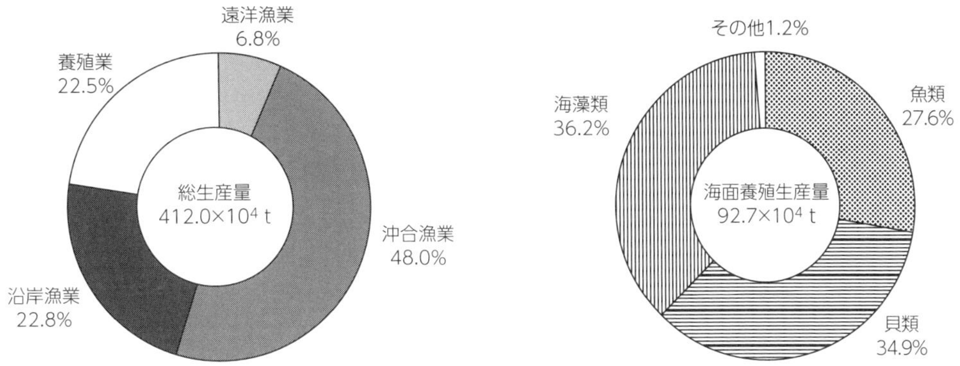

図 2.8　わが国における海面漁業と養殖業による生産量（2021 年）
海面漁業生産統計調査（農林水産省）を基に作成.

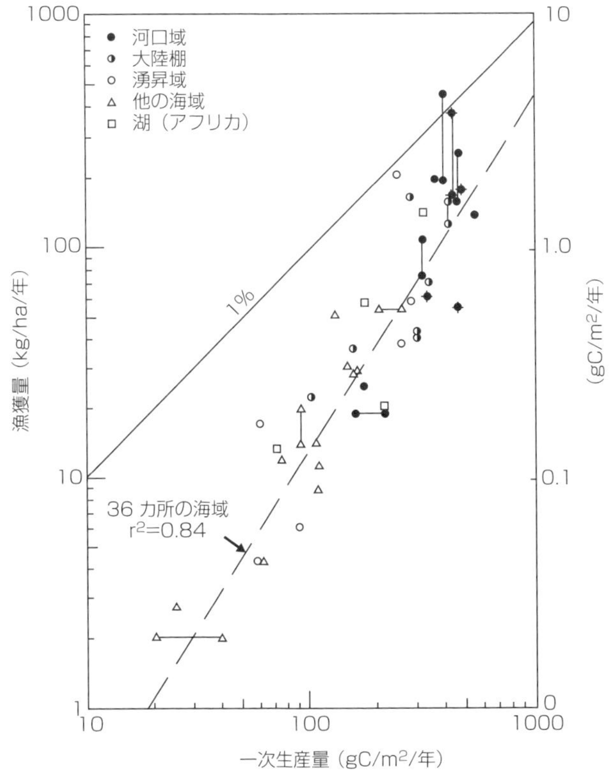

図 2.9　一次生産量と漁獲量との関係（Nixon（1988）を一部改変）
中央の破線は 36 の海域における直線，実線は一次生産量の 1%を示す.

でも産業の基幹をなしている点に，水産業の価値や魅力を感じている．したがって，海洋の低次生物生産過程について理解を深めることは，海からの食料供給問題を考えるうえでも意義深いものととらえて欲しい.

さて，魚介類等の水産資源が化石資源（非更新資源）に類するものなら，何百万年の間に及ぶ狩猟行為により，すでに取り尽くされていたとしても不思議ではない．ところが，今日におけるわれわれの食卓には依然として魚介類が並んでいる．それは，魚介類が「更新資源」であり，海洋という自然生態系の中で，間引かれた量が自らの増殖能力によって補われているからである．実は，海洋生態系を構成する生物の更新性（復元性）は，農林畜産業の対象となる生物に比べて高いとされている．また，この高い更新性こそが狩猟を主とする水産業が今日でも成り立つ背景だといわれている．そこで，もう少し「海の高い更新力」の成立機構を具体的にみていきたい．

これまでに述べたように，海洋の主要な一次生産者は植物プランクトン等の微細な藻類である．彼らが示す単位生物量当たりの有機物生産速度は，陸上植物群よりも平均的に見て水準が2桁も高い（2.3で240倍として紹介した）．ところがその一方で，植物プランクトンが光合成を行う場である海洋の有光層は，陸上に比べると貧栄養な環境にあり，栄養塩濃度は希薄である（2.5参照）．植物プランクトンが増殖するうえで最も不足しがちな栄養成分は，溶存無機態の窒素・リンである（詳しくは第4章で学ぶ）．海洋の有光層におけるこの溶存態無機窒素・リンの貯蔵量（ストック）は，ひとたび植物プランクトンが増殖すると，長くても数日以内に使い尽くされる程度でしかない．実感するのは困難であるが，有光層には植物プランクトンの摂取に見合う速度で溶存態無機窒素・リンが外から補給される流れ（フロー）がある．そして，ストックが限られているために，植物プランクトンの生産は実質的にこのフローに大きく依存することになっている．有光層中で植物プランクトンが増殖するのに必要となる栄養分がどこから来るのかについてみてみると，有光層外（河川や大気，あるいは深層）からもたらされるものと，有光層内部でリサイクルされているものがある．後者の溶存態無機窒素・リンのフローは前者と同等かそれ以上と試算されており（50～90％），供給経路としての重要性は極めて高い（第4章で解説）．以上のような理由で，植物プランクトンは，単に短寿命なだけではなく，消費（摂食・捕食）等を通じて死後速やかに系内で分解され，無機栄養物質として再生することを運命づけられているのである．回転率の大きい植物プランクトンが食物連鎖の第一段階を担っているうえ，希薄な栄養環境である海洋生態系では，植食者や肉食者も植物プランクトンと同じ運命を背負っている．すなわち，漫然と海水中に留まる（食われない，あるいは長寿命である）ことは，物質循環の停滞を生むため，生態系システムの維持において歓迎されることではないのである．原則として，「(物質を）溜め込むな，右から左へどんどん流せ」が運命づけられている．この宿命を背負った海洋の植食者や肉食者といった食物連鎖の主な構成者が，動物プランクトンや，海面漁獲量のうちの主要部分を占める多獲性魚類なのである．これらの動物の寿命は原則として短く，代謝活性が高いために有機物の速やかな分解と無機栄養物質の再生を滞りなく進め得る．以上のように，海が高い更新力を備えている背景には，海がフロー系であること，回転速度が速い植物プランクトンが一次生産の主体を担っていること，そして生物生産とそれを支える栄養物質の再生が密に結びついていること，が関係している．ストックである魚介類を節度ある範囲で狩猟する限り，漁業主体の水産業は今後も成り立ち得るはずである．

コラム①【水柱という概念】

海洋科学では，海水中の生物量や物質量を考える際に，水柱（Water column）という考え方を用いる．例えば，断面積が 1 m^2 の水の柱を想定して，その柱の中の存在量を考える（図 1）．例えば，水深が 100 m であれば，0 ～ 100 m までの水柱内（海水の容積は，1 m^2 × 100 m ＝ 100 m^3）の生物量や物質量として表すのである．その際，単位は“1 m^2 当たり”すなわち，“ / m^2 ”（水柱断面積当たりの存在量）となる．また，目的に応じて水柱の長さは自由に設定することができるが（例えば，表層の 10 m 等），特に断わりのない場合は水深が水柱の長さとなる．

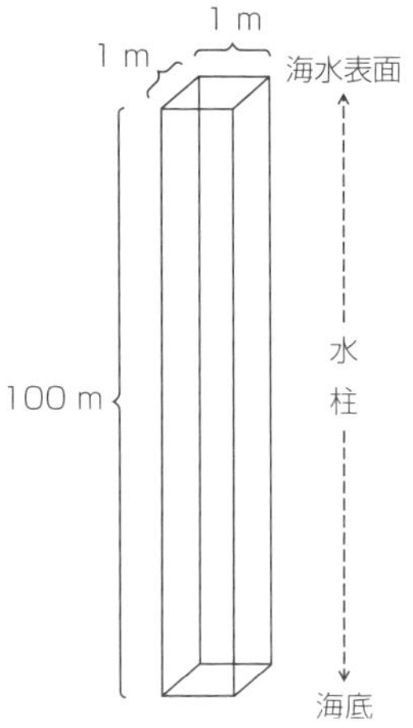

図 1　水柱の概念図

水柱の概念を用いて，下の表 1 と図 2 に示したある生物個体密度の鉛直分布から，水柱内の生物量を計算し“個体数 /m^2”で表示してみよう．鉛直分布図から，8 個の台形の面積の和として算出すれば良い（答えは頁下）．

表 1　ある生物の個体密度

水深 (m)	個体 /L
0	80000
5	90000
10	80000
20	40000
30	20000
40	20000
50	20000
75	15000
100	14000

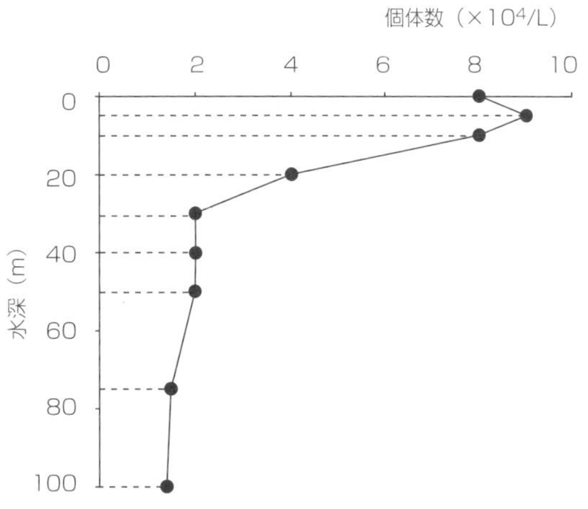

図 2　ある生物の個体数の鉛直分布

答え：2.95 × 10^9 個体 /m^2

コラム②【日本の代表的な漁法】

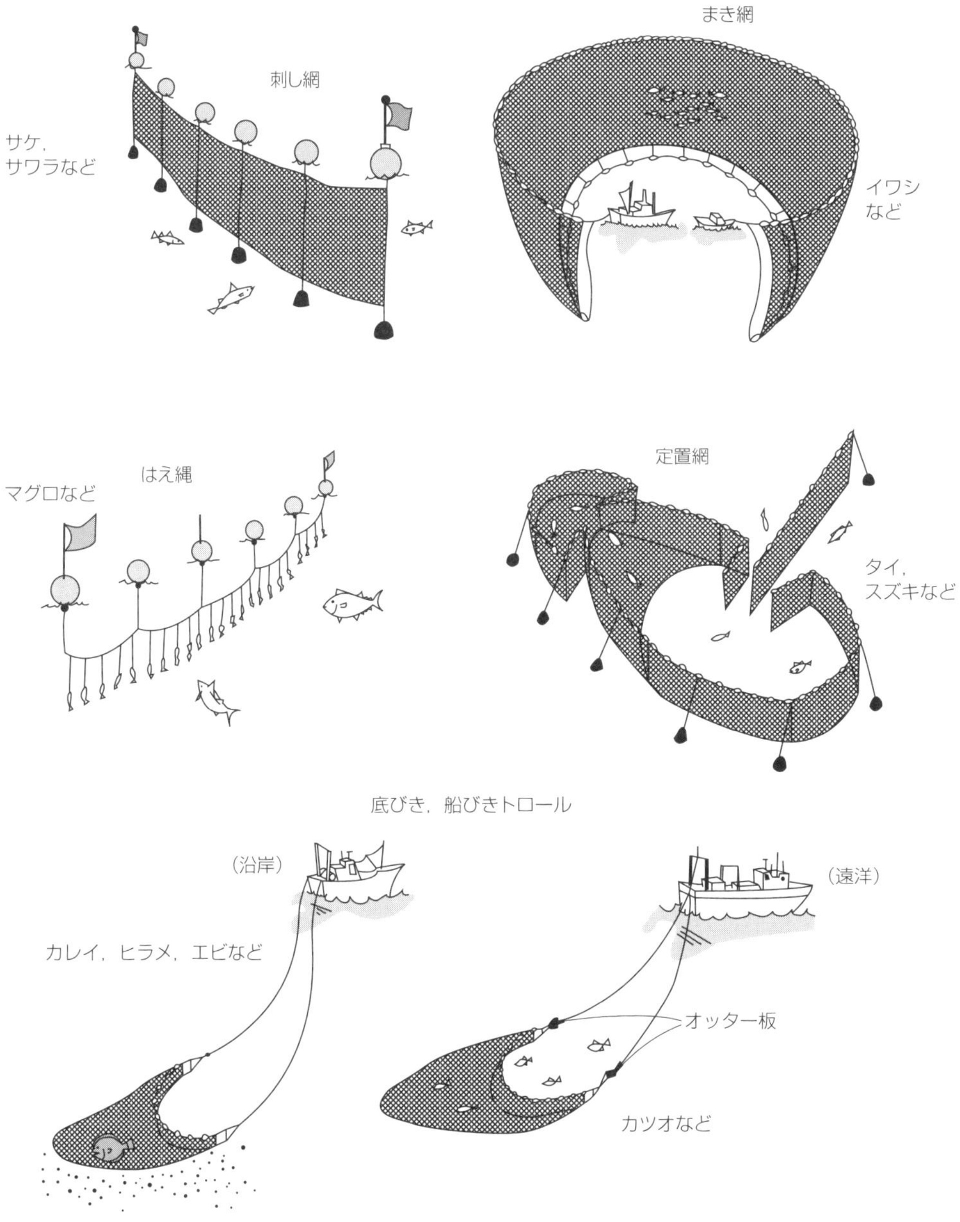

コラム③【海洋での圧力】

海洋では水深 10 m ごとに 1 気圧，水圧が増す．カップヌードルの発泡スチロール容器を深い海に沈めてゆくと，写真のように圧縮される（写真，左はインド洋の水深 6000 m，右は日本海溝の水深約 4000 m に沈めたもの）．なお，現在は，容器の材質が発泡スチロールから紙に変更されていて，写真のようなことは起こらないものもある．

第3章　海水の動きと海水の物理化学

3.1　海水の動き－海流と潮流

海水は常に留まることがなく，幅広い時間・空間スケールで運動している．海水の動きとして，海流と潮流という言葉をよく耳にするが，これらはまったく異なったもので，明確に区別されている．すなわち，海流とは，常に同じ方向に同じくらいの速さで移動する流れを指し，一方，潮流は，潮の満ち引きにより，半日か一日で方向も速度も変化する流れである．まず，この海流と潮流について述べ，海水が海洋全体をどのように循環しているのかについて解説する．

3.1.1　海 流

海の中をほぼ同じ方向に一定の速さで流れる帯状の流れを**海流**（ocean current）と呼ぶ．まず，海洋の表層の流れについて見てみよう．図3.1に世界の海洋表層の主要な海流分布を示した．この図を見てわかることは，①海流は赤道を挟んで南北にほぼ対称に流れている，②亜熱

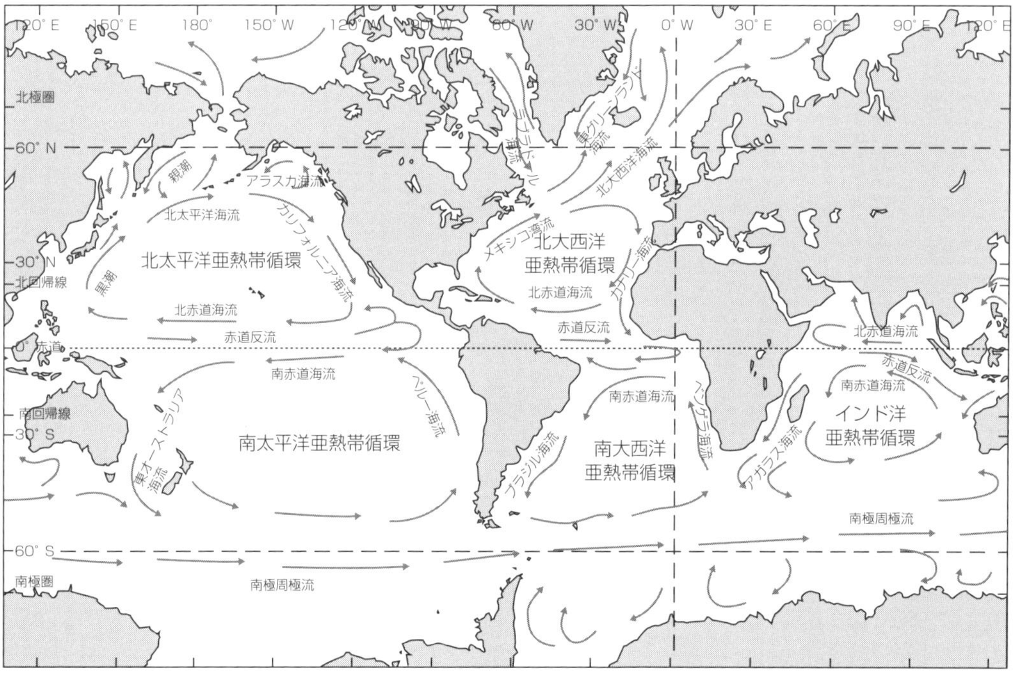

図3.1　世界の海洋表層の主要な海流分布（ピネ（2010）を改変）

帯地方には北半球では時計まわり，南半球では反時計まわりの循環流（亜熱帯循環流：subtropical gyre）がある，③黒潮，メキシコ湾流のような強い海流はすべて大洋の西岸に存在していること（海流の西岸強化：western-boundary intensification）などである．このような海水の表層（0～1000 m）の動きを**表層大循環**（upper ocean circulation あるいは単に ocean circulation）と呼ぶ．海流の形成には風，温度，塩分，地球の自転，地形等多くの要因があるが，黒潮をはじめ大洋をめぐる大規模な海流のほとんどが，洋上を吹く風からそのエネルギーを得ている．このように風によって引き起こされる流れを**吹送流**（wind-driven current）という．広い湖や海で長い時間同じ方向に風が吹き続けると，海水は単純に風下のほうに運ばれるのではなく，地球の自転のために働く**コリオリ力**（coriolis force）の影響により，海面からある深さ D_E までの流速分布は図3.2のようになり，これを**エクマンらせん**（Ekman spiral），また,風の影響が直接及ぶ海面下 D_E までの層をエクマン層（Ekman layer）という．すなわち，北半球では海面の流れは風下方向から右に45度ずれた向きになり，深さが増すにしたがって流速の大きさは指数関数的に減少し，流れの向きは右へ右へとずれていく．なお，南半球では地球の自転の効果が北半球とは逆向きになり，風に対してちょうど北半球とは対称的に左にずれるようになる．このような体積輸送を**エクマン輸送**（Ekman transport）という．

海流の重要な成因の一つである風について見てみると，北半球の大気循環は図3.3に示すようになっており，赤道付近で熱せられ上昇した気流は極方向に向かいながら，放射冷却されて重くなり，20° N付近で沈降し，ハドレー循環と呼ばれる気流の流れを形成する．一方，20° N付近から地表近くを赤道に向かう気流はコリオリ力の影響を受けて，北半球では西向きに偏向し，貿易風となる．また，極付近で冷却され重くなった気流は赤道方向に向かいながら暖められて，50° N付近で上昇し，極循環流をつくる．この二つの循環に挟まれた中緯度付近にもう一つの循環（フェレル循環）がつくられ，地表近くには20° Nから50° N付近に向かう気流が生じる．これもコリオリ力の影響により，北半球では東向きに偏向し，偏西風となる．南半球でもほぼ同様な気流が生じており，このような大気の動きをまとめて，大気大循環と呼んでいる．偏西風と貿易風に挟まれた北太平洋の中緯度海域では，直感的には貿易風が北赤道海流を引っ張り，偏西風が北太平洋海流を引っ張って，北半球の亜熱帯循環流を駆動しているように思えるが，実際には，もっと複雑なシステムとなっている．すなわち，表層の海水は風の吹く方向には流れず，エクマン輸送を考えると，北半球では東向きの偏西風による輸送は南向き，西向きの貿易風による輸送は北向きとなり，偏西風と貿易風に挟まれた中緯度海域では，海水が吹き寄せられるような効果をもち，海面が盛り上がった形となる．この海面勾配による圧力勾配力につり合うようなコリオリ力が生じる状態で亜熱帯循環流が流れている（図3.4）．

一方，日本近海を流れる主な海流について図3.5に示した．黒潮は東シナ海から鹿児島の南沖を通って，日本列島の南岸に沿って太平洋をほぼ東北東に流れている．黒潮は英語でもKuroshio Currentと称され，大西洋のメキシコ湾流などと並んで，世界でも最強の海流の一つである．黒潮は，時によっては紀伊半島から遠州灘にかけての沖合を大きく蛇行して流れる．メキシコ湾流なども蛇行して流れるが，黒潮の場合は一度蛇行流路が出現すると，短くても1年以

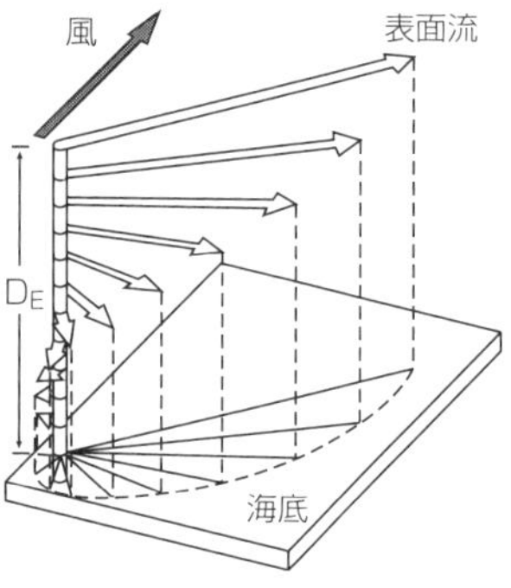

図 3.2　エクマンらせん

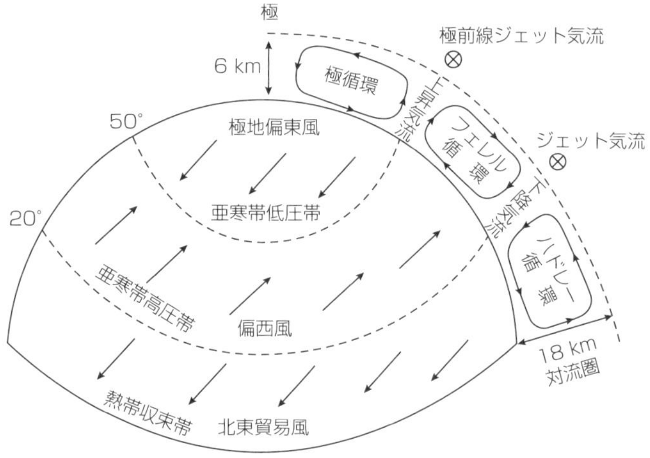

図 3.3　北半球の大気大循環

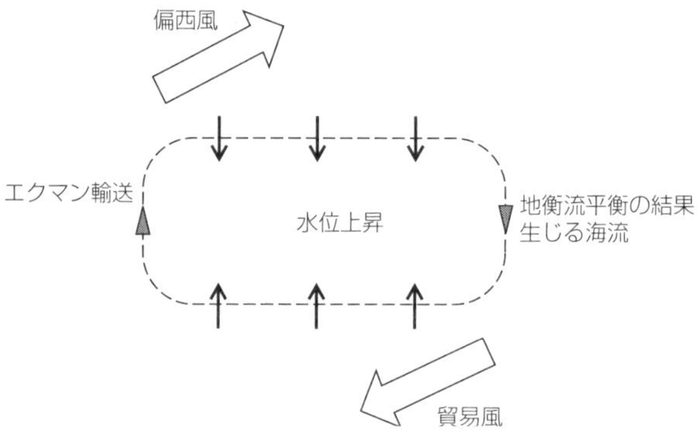

図 3.4　偏西風，貿易風，亜熱帯循環流の関係（柳（2013）を改変）

上，長い場合は数年にわたって蛇行が維持されることが他の海流にはない特徴である．黒潮とともに，日本近海で重要な海流に親潮，対馬暖流などがある．

また，前述のエクマン輸送は表層大循環だけでなく，沿岸湧昇流や赤道湧昇流などに対して重要な役割をはたしている．世界でもよく知られている沿岸湧昇域は，南米西部のペルー沖である．ここでは，北向きのペルー海流がはるか南から冷水を運んで低緯度まで張り出し，熱帯域に位置するペルー沖の表面水温を著しく低下させる．この表面水温はエクマン輸送によってもさらに低下する．つまり，南半球ではコリオリ力は運動の方向に対して左向きに働くため，ペルーの海岸沿いに吹く南からの卓越風によって，表層の海水はエクマン輸送にしたがって風に対して左側，すなわち沖に向かって運ばれる．その結果，沖合に運ばれた海水を補うように比較的幅の狭い沿岸域の沖合 10～20 km で，冷たい海水が深層から湧昇する（図 3.6（左））．海水は 1 日に 8～9 m の速度でゆっくりと連続的に湧き上がるとされている．この下層の海水には栄養分が豊富に含まれているため，湧昇域では植物プランクトンにとって生育条件が良くなる．その結果，植物プランクトンが高密度に増殖し，カタクチイワシ類の途方もない大集団を支えている．一般に，

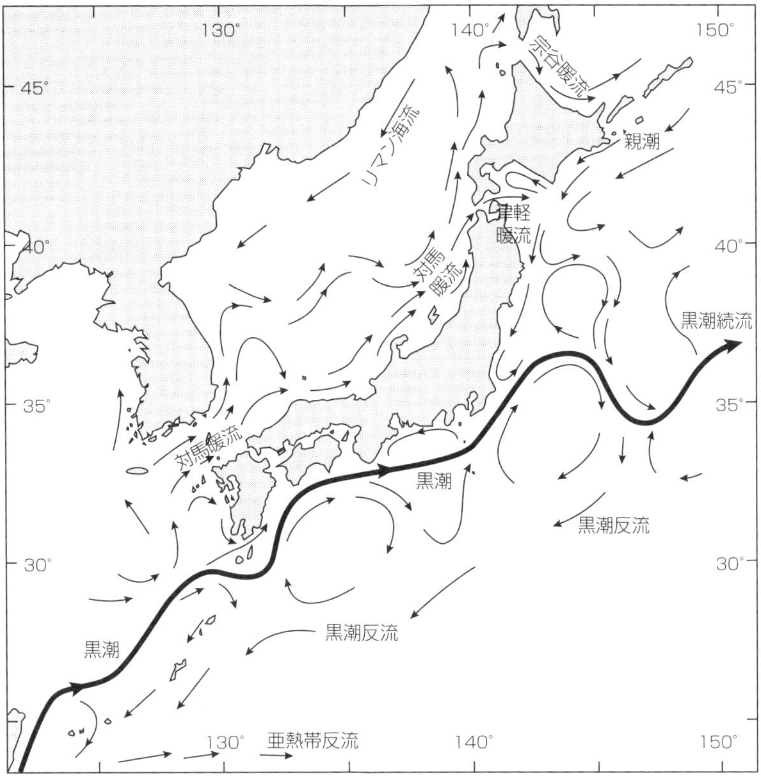

図 3.5 日本近海の海流

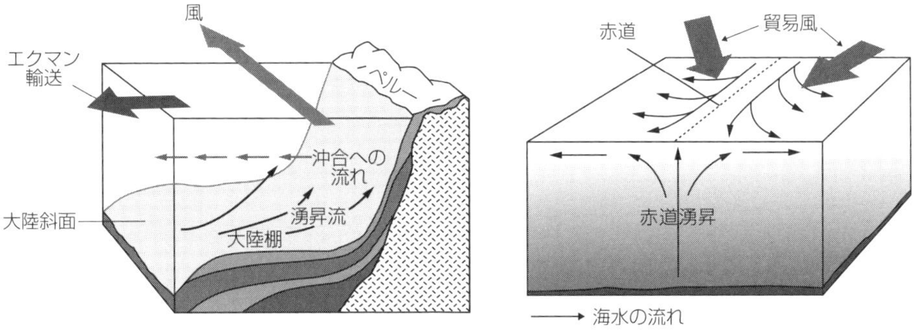

図 3.6 ペルー沖沿岸湧昇（左），赤道湧昇（右）の模式図（ピネ（2010）を改変）

沿岸湧昇域は良い漁場になる場合が多い．

一方，赤道付近では，東から西に向かう風が卓越している．この風によるエクマン輸送は，北半球では北向き，南半球では南向きとなる．その結果，ちょうど赤道に沿って岸があるのと同じような効果となり，表面付近で不足する海水を補って下層の海水が湧昇する「赤道湧昇」が起きる（図 3.6（右））．

以上，述べてきた表層大循環は海面下 1000 m 以浅で生じている現象であるが，水深数千 m

以深では，表層とまったく異なった流れが見られる．そのような流れを**深層大循環**（abyssal circulation）と呼んでいる．図3.7はヘンリー・ストンメル（Henry Melson Stommel, 1920～1992）によって推定された深層大循環の模式図である．ストンメルは，米国の海洋物理学者で，海水の性質，地球の自転，海陸の地形，および気温や水温の分布等を考慮して，世界の海の深層水の循環を理論的に解明した．ストンメルの深層大循環の説によると，世界の海の深層水はグリーンランド沖と，南極のウエッデル海で主に形成される．これらの海域で冷やされて重くなった海水が深海まで沈み込み，世界の深層に広がっていく．深層水は，海面で海水が冷やされ氷ができる時，はじき出された低温，高塩分の重い水が下降することにより生じる．しかし，なぜ，グリーンランド沖と，南極のウエッデル海の2カ所で主にこの深層水が形成されるのだろうか．深層水が形成される条件は「より塩分の高い海水が，より急激に冷却されること」である．実は，図3.8に示すように，大西洋では太平洋より塩分が高い．それは，北大西洋で蒸発した水蒸気は貿易風により西に運ばれ，パナマ地峡を抜けて太平洋で雨となって降るが，北太平洋で蒸発し偏西風で東に運ばれる水蒸気はロッキー山脈にぶつかり，雨となり太平洋に戻ってくるからである．このようにして，北大西洋では蒸発量が降水量を上回り，北太平洋では降水が蒸発を上回って（表3.1），その結果大西洋と太平洋で2に達する塩分差が生じる（なお，塩分とその単位（無次元あるいはpsu）については，3.2.3で解説する）．また，太平洋は大西洋より面積が約2倍広い（両者の南北の長さはほぼ同じであるが，太平洋のほうが東西での幅が広いためである）．したがって，幅の狭い大西洋では，より塩分の高い海水が，大陸の冷たい乾燥した風により急激に冷却され，深層水が形成されることとなる．

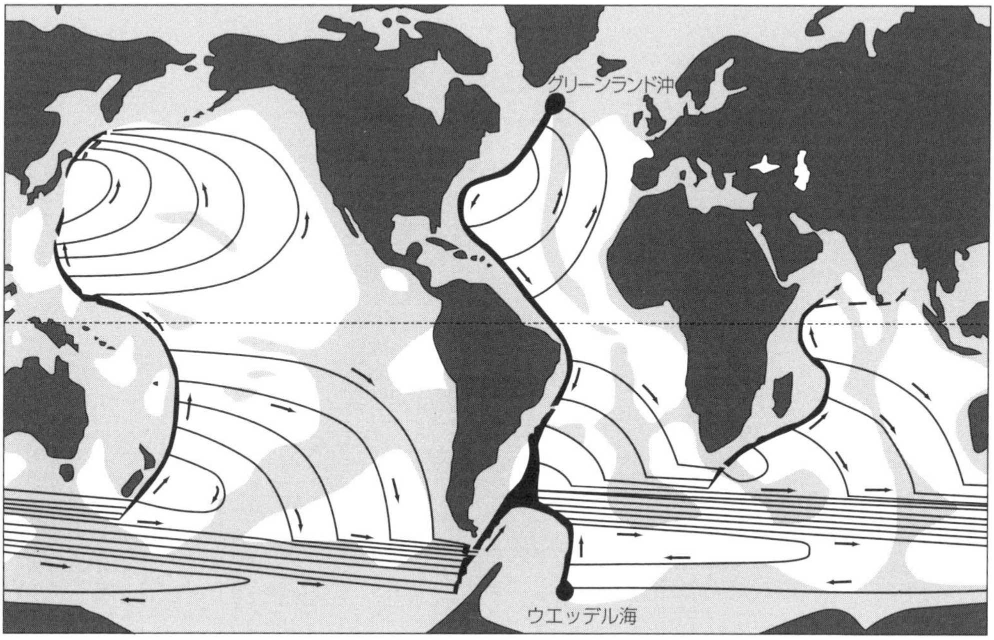

図3.7　ストンメルの深層大循環

上記のストンメルの深層大循環の理論はGEOSECS計画（Geochemical Ocean Section Study 地球化学海洋断面研究）の中で化学的手法により，その説がほぼ正しいことが確かめられた．GEOSECS計画は，海洋の化学的性質を全地球規模で調査することを目的として，1970年代に米国主導で実施された事業である．本事業は15年間に及び，世界中の海で化学的成分の分布が詳細に測定された結果，海洋の化学的な側面の情報が飛躍的に発展したといわれている．北大西洋のグリーンランド沖に端を発する深層循環は，深層流の速度が小さいので流速計で直接測ることはできない．そこで，海水中の炭素の放射性同位体を用いて海水の年齢を求めることにより，その速度が推定された．この方法は，数千年から数万年程度の年代測定にはよく用いられ，考古学などでもお馴染みの方法である．炭素の放射性同位体である^{14}Cは，半減期が約5730年である．大気中の^{14}Cと安定な^{12}Cとの比（$^{14}C/^{12}C$）は一定に保たれており，大気と海洋の間では常にCO_2のやり取りをしているため海水表層の$^{14}C/^{12}C$比は大気中のそれと同じ比を示す．一方，海水が沈降して大気との接触が絶たれると，大気とのCO_2のやり取りがなくなるため，^{14}Cは放射性壊変で減る一方となり，$^{14}C/^{12}C$比は時間の経過とともに小さくなっていく．したがって，$^{14}C/^{12}C$比を測定すれば，その場の海水が大気との接触を絶たれてからの時間，すなわち海水の年齢を知ることができる．このようにして求められた大西洋と太平洋の海水の年齢分布が図3.9である．西部北大西洋のグリーンランド沖で海水が沈降し，60° N以南で100歳程度

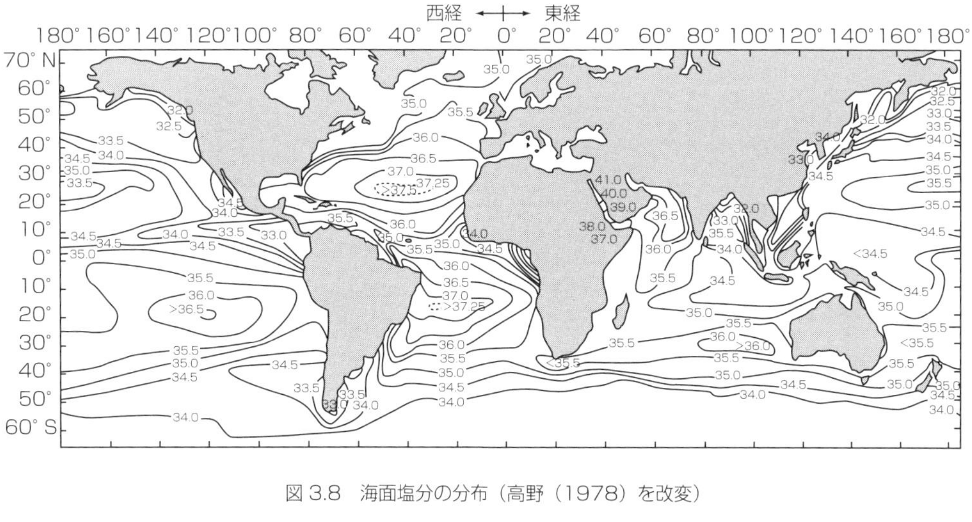

図3.8　海面塩分の分布（高野（1978）を改変）

表3.1　大洋間の水収支

	降水量	蒸発量	河川水流入量	まわりの海への流出量
		（cm/年）		
太平洋	133	132	7	8
大西洋	89	124	23	－12
インド洋	117	132	8	－7
全海洋の平均	114	126	12	0

ブディコ（著），内嶋・岩切（訳）（1973）を改変．原著はBudyko（1971）：ロシア語

の水塊（3.2.5で解説）が見られる．水深数千mを南方（図中では下図で右方向）へ移動しつつ年齢を重ね，50° S付近では900歳の水塊が見られる．さらに，深層水はインド洋を経て太平洋南部に入り，太平洋の60° S付近では，1100歳の水塊が認められる．これが北上しつつ（図中では上図で左方向），年齢を重ね，40° N付近では2000歳となっている．この海水の年齢の分布は，先に述べたストンメルの深層大循環が，ほぼ正しかったことを示している．

以上のように，海洋の表層と深層では，異なった海水の動きがある．すなわち，世界の海洋の海水は二つの要因によって全地球規模で循環している．二つの要因とは，洋上に卓越する風により駆動される**風成循環**（wind-driven circulation）（吹送流）と，海面を通しての熱収支・水収支の地域差に起因する**熱塩循環**（thermohaline circulation）（密度流）である．表層大循環は風成循環で制御される．一方，深層大循環は海洋全体の海水体積の90％に影響するとされており，高塩分の表層水が冷却されて沈み込むことにより始まる熱塩循環で制御されている．世界の表層水，深層水の循環を組み合わせた循環模式図はウォレス・ブロッカー（Wallace S. Broecker，1931～）の「海のベルトコンベアー」と呼ばれており図3.10に示した通りである．

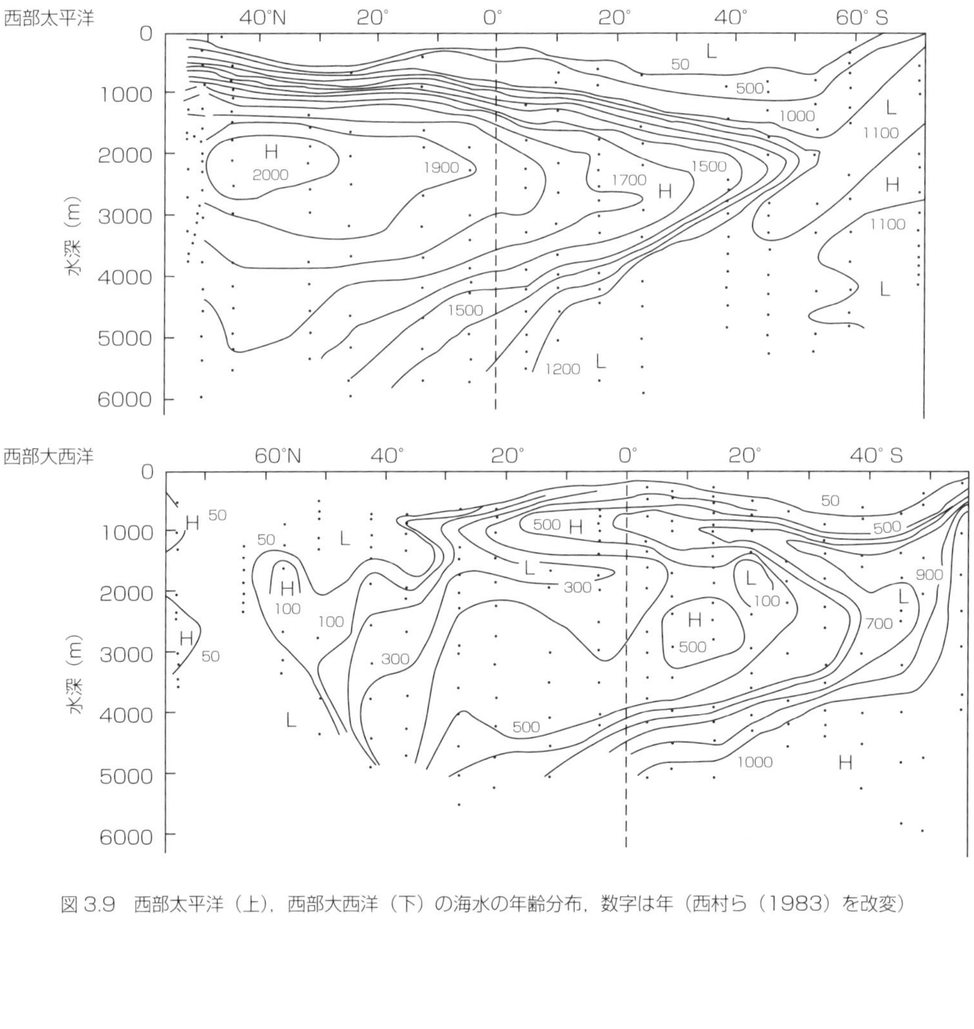

図3.9　西部太平洋（上），西部大西洋（下）の海水の年齢分布，数字は年（西村ら（1983）を改変）

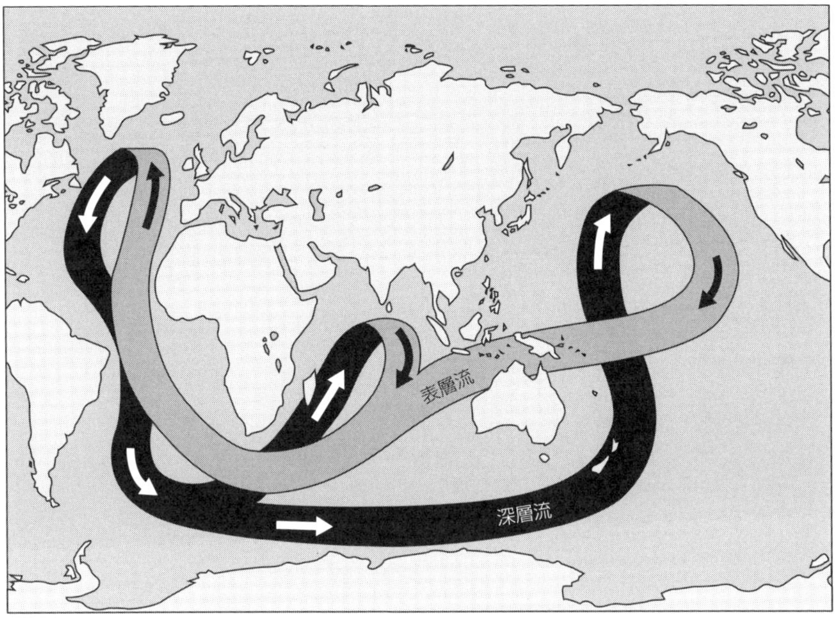

図 3.10　ブロッカーの「海のベルトコンベアー」

3.1.2　潮流

地球，月，太陽の運行に関係して規則的にくり返される海面の昇降を**潮汐**（tide）といい，これは文字通り 1 日 2 回の潮の満ち引きを指す．この潮汐による 6 時間ごとの海面の昇降にともなう海水の水平運動を**潮流**（tidal current）と呼び，これは前述の海流とは異なるものである．潮汐を起こす力，すなわち**起潮力**（tide generating force）は，公転している地球上の各点に対し，月の引力が場所によって異なることから生じる．

今，地球と月の関係を考えてみる．地球の中心にある単位質量に働く月の引力は

$$F_0 = G\frac{M}{R^2} \tag{3.1}$$

と書ける．G は万有引力定数，M は月の質量，R は地球と月の距離である．地球中心の単位質量は，F_0 の力で月に引っ張られているにもかかわらず，月とは衝突しない．それは，月と地球は万有引力でお互い引き合う一方で，共通重心のまわりをお互いに公転しており，このお互い引き合う F_0 の力と地球と月がその共通重心の周囲を回る回転運動による遠心力 C とがつり合っているからである．すなわち，月と地球の距離が保たれているということは，地球中心において遠心力と月と地球の引力が等しいということである（$F_0 = C$）．地球が，共通重心を中心に公転していると，地球の各点は地球重心に並行した円運動をする（図 3.11）．すなわち，地球の各点の軌跡は地球重心のそれと同じであり，遠心力は地球上どこでも同じである．なお，もし月と地球が同じ質量ならば共通重心は月と地球の中間地点にあるが，実際には地球は月の約 80 倍の質量

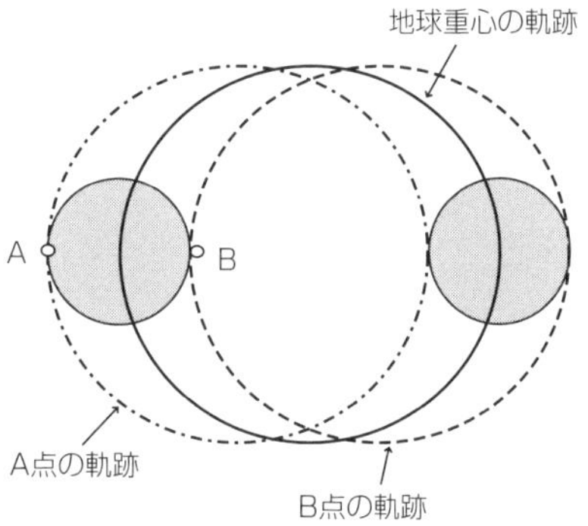

図 3.11　公転する地球の各点の軌跡

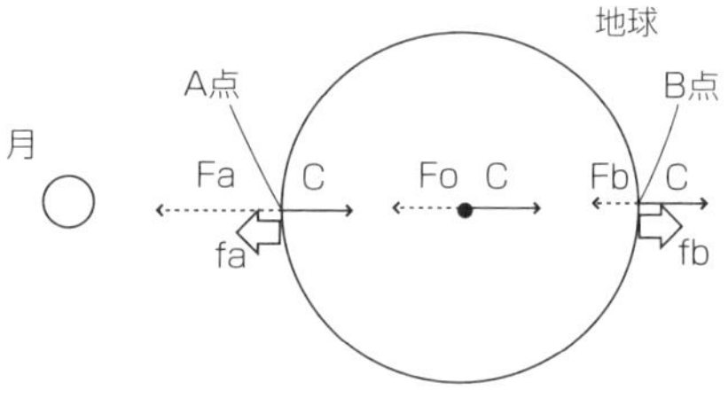

図 3.12　引力（F），遠心力（C）および起潮力（f）の関係

があるため，共通重心は地球内部にある．なお，図 3.11 ではわかりやすくするために，地球の外に共通重心がある場合がある場合を描いている．地球の各点は地球重心に並行した円運動をするので，遠心力は地球上どこでも同じであるが，月の引力は地球上どこでも同じではない．図 3.12 中の月に面した A 点の単位質量に働く月の引力 Fa は

$$Fa = G\frac{M}{(R-e)^2} \tag{3.2}$$

で与えられる．ここで，e は地球の半径である．したがって，A 点の単位質量に働く月の引力 Fa と遠心力 C との関係は Fa ＞ C となり，A 点の単位質量には，

$$\begin{aligned} fa &= Fa - C \\ &= G\left(\frac{M}{(R-e)^2} - \frac{M}{R^2}\right) \end{aligned} \tag{3.3}$$

となる fa という力，すなわち，起潮力が働くことになる．同様に，月に面した A 点とは反対側の B 点では Fb ＜ C となって逆向きの起潮力 fb が働く．すなわち，地球上の月に近い側では距離が短いので引力が遠心力よりも大きくなり，逆に月に遠い側では遠心力のほうが大きくなる（図 3.12）．

今，地球が一様な厚さの海水に覆われていて一様な重力が働いているとすれば，海面は球形になる．しかし，起潮力が働いた場合に海面の形はラグビーボールのような紡錘形となる（図 3.13）．地球は自転するので，地球の 1 点に立っているわれわれは 1 日に 2 回の**満潮**（high tide あるいは high water）と**干潮**（low tide あるいは low water）を経験することになる．また，月の出が 1 日に 50 分ずつ遅れるのにしたがって，毎日の満潮，干潮の時刻も 50 分ずつ遅れていくことになる．

月と同様に太陽の引力についても月による引力と同様に考えることができ，計算するとその起潮力の大きさは月のほぼ半分（約 0.47 倍）である．なお，その他の天体による起潮力は小さいので，地球の潮汐にはほとんど影響を与えない．満月や新月の時のように月と太陽の起潮力の影響が重なり合って干満の差が大きくなった状態を**大潮**（spring tide），上弦や下弦（半月）の時のように月と太陽の起潮力の影響が打ち消し合って干満の差が小さくなった状態が**小潮**（neap tide）である（図3.14）．なお，前述のように起潮力には，月と太陽の影響が重なり合っており，そのうち月によるものをM_2分潮，太陽によるものをS_2分潮としている．

潮汐による海面の昇降にともなう海水の水平運動が潮流であるが，前述のように潮流は時間とともに，その速度は変化し，その方向も変化する．瀬戸内海を例に取ると，全域を通り抜けるような海流は無視できるほど弱く，紀伊水道と豊後水道から出入りする潮流が太平洋と瀬戸内海の海水交換にとって重要な役割を担う．なお，関門海峡を通した海水交換量は無視し得るほど小さい．瀬戸内海の干潮から満潮に向けて流れる上げ潮最強時の潮流を見てみると（図3.15上），

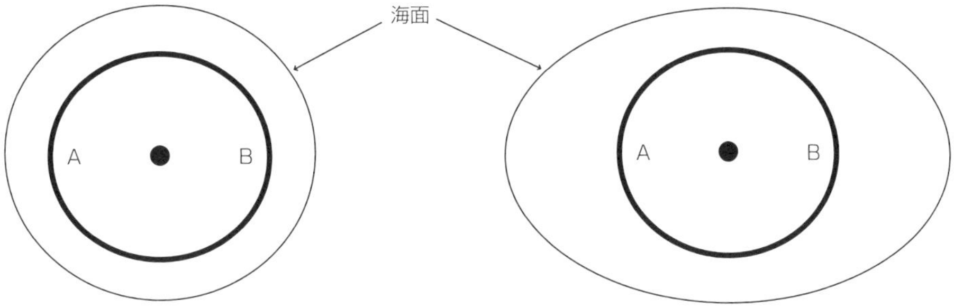

図3.13　起潮力が働かない場合（左）と働いた場合（右）の海面形

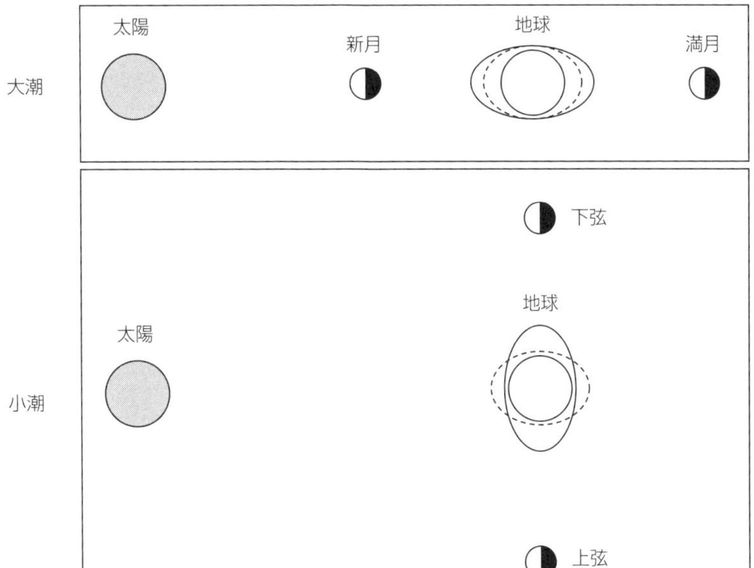

図3.14　大潮（上）と小潮（下）の時の月の起潮力による平衡海面（実線）と太陽の起潮力による平衡海面（破線）

東側は紀伊水道から大阪湾にかけての友が島水道（紀淡海峡），大阪湾から播磨灘にかけての明石海峡，鳴門海峡，播磨灘から燧灘にかけての備讃瀬戸，一方，西側は豊後水道から伊予灘に向かって豊予海峡，伊予灘から燧灘に向けての芸予海峡，来島海峡で，それぞれ瀬戸内海中央部に向けて速い潮流が見られる．逆に，下げ潮最強時の潮流は，それぞれの海峡部で上げ潮最強時とは逆に外洋に向けて速い潮流が見られる（図 3.15 下）．このように，上げ潮最強時と下げ潮最強時ではまったく逆方向の潮流が見られるが，一日の潮流測定結果を平均すればその流れは 0 になることが予測される．しかしながら，実際には 0 にはなっておらず，潮流によってつくられた余りのような『流れ』を**潮汐残差流**（tidal residual flow）と呼ぶ．そして，前述の吹送流，密度流，およびこの潮汐残差流を複合した結果として，現れる流れを**残差流**（residual flow）あるいは**平均流**（mean flow）と呼んでいる（図 3.16）．

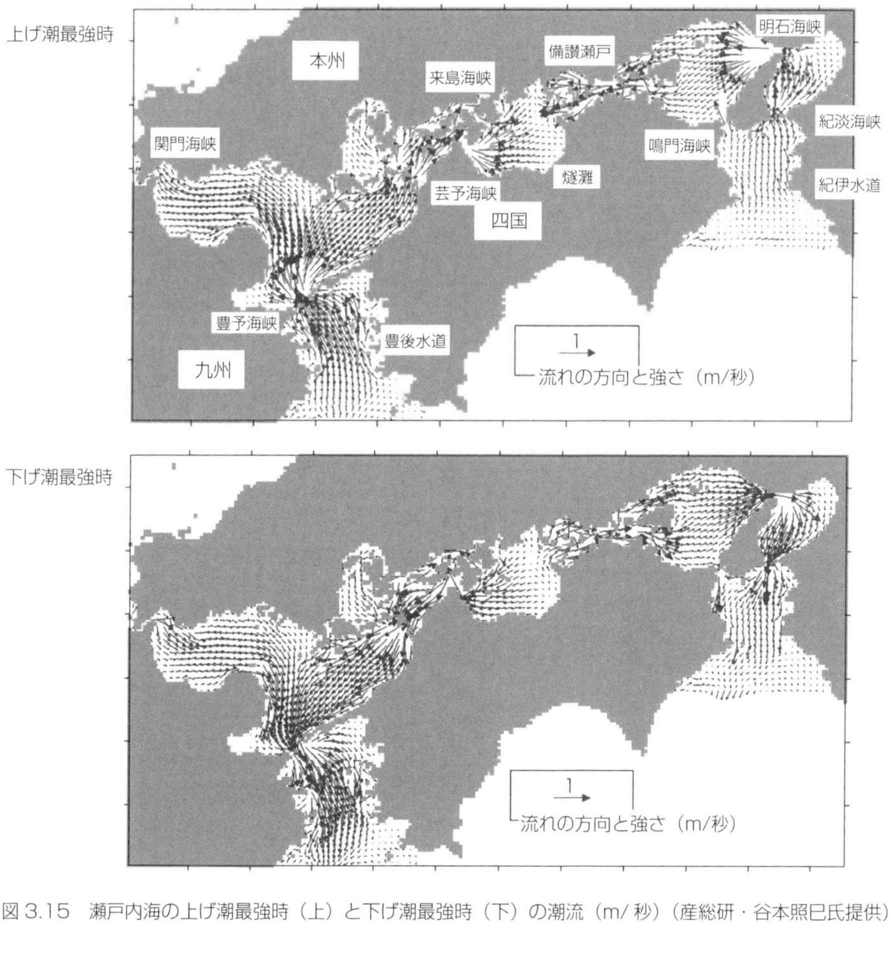

図 3.15　瀬戸内海の上げ潮最強時（上）と下げ潮最強時（下）の潮流（m/ 秒）（産総研・谷本照巳氏提供）

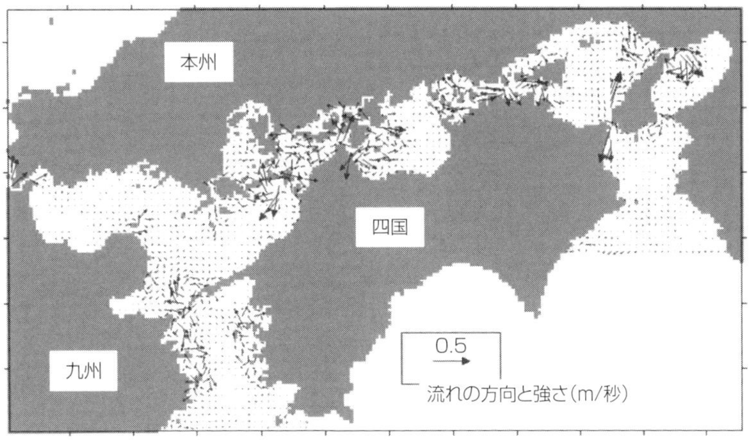

図 3.16 瀬戸内海の残差流の計算結果（産総研・谷本照巳氏提供）

3.2 海水の物理化学

海水は非常に特異な偏った化学組成をしており，また，様々な塩類を含んでいるために特徴的な物理化学的性質を示す．以下に，海水の化学組成，塩分，海水の密度および，水塊構造について解説する．

3.2.1 海水の化学組成

世界の大部分の海水は約3.5％の塩類を含んでいる．人体，妊婦がその母体内で胎児を保護する羊水，血液，血漿，海水，大気および地殻について，主要元素の存在量を比較すると，表3.2のようになる．この表を見ると，海水の塩類を構成する成分は地殻や大気よりも人体や羊水，血液，血漿の成分に近いことがわかる．特に，海水の成分は，羊水，血液，血漿の成分とそっくりである．第1章で述べたように，海洋は生命が誕生した場であり，生物は海水中で最初に単細胞生物として現れ，次第に進化して陸上にあがって来たといわれている．人間の血液の成分は海水に大変近い．戦時中に潜水艦の乗組員が太平洋上で重傷を負って輸血の必要があった時，必要

表 3.2 主要化学元素含有量の大きさと順序

存在量順位	1	2	3	4	5	6	7	8
人体	H	O	C	N	Na	Ca	P	S
羊水	H	O	Na	Cl	C	K	Ca	Mg
血液	H	O	Na	Cl	K	C	Ca	Mg
血漿	H	O	Na	Cl	C	K	Ca	Mg
海水	H	O	Cl	Na	Mg	S	Ca	K
地球大気	N	O	Ar	C	H	He	Ne	Kr
地殻	O	Si	Al	Ca	Na	Fe	Mg	K

北野（1995）を改変

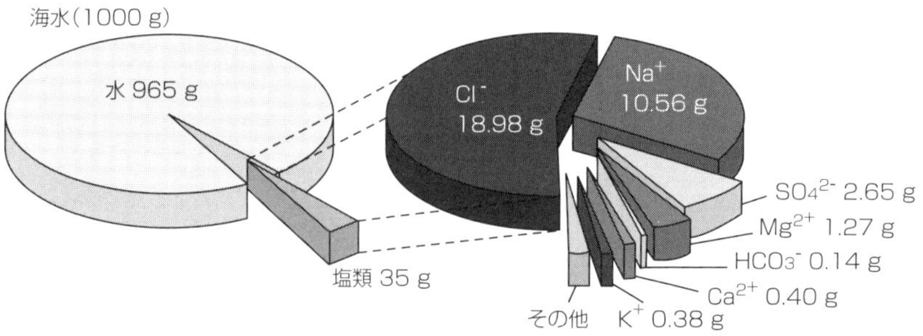

図3.17　海水の主成分組成（海水1000 g中の存在量）（Garrison（1996）を改変）

量が得られなかったので海水を真水で薄めて輸血し，ついにその乗組員は命をとりとめたという話もある．海水の塩類の濃度は約3.5％であり，人間の血漿（血液の液体の部分）のそれは約0.85％なので，その濃さまで薄めれば，海水中の種々の塩分の割合は血漿とあまり違わず，これによって，食塩注射やリンゲル注射の輸液と，同じ効果をあげることができたのである．また，生化学の分野でよく実験に用いられる生理食塩水は0.9％のNaCl溶液である．これらの事実は，人間の遠い祖先は，海中にいたことを物語っているのかもしれない．

海水は塩辛く，苦い．それは，様々な塩類が溶けているからである．海水中には様々な元素が存在しており，地球上で安定に存在する元素，すなわち周期表における1番の水素（H）から92番のウラン（U）まで，ほぼすべてが海水中に存在することが確認されている．このように数多くの元素が存在しているにもかかわらず，その存在比，すなわち，組成比はきわめて偏ったものである．海水中に存在する上位わずか8成分で，塩類全体の99.5％を占めている（図3.17）．さらに，このうちCl^-とNa^+で約86％を占める．したがって，海水を食塩水（NaCl溶液）といっても間違いではない．海水は，場所や時間による主成分の組成変化はきわめて小さい（組成の均一性）．つまり，その濃度は場所によって異なるが，この主要な元素（成分）の比率はほぼ一定であり，海水の化学組成はほぼ一定なのである．このことは，第1章で述べたチャレンジャー号の航海ですでに明らかにされていた．

3.2.2　海水の化学組成が一定なわけ

海水の化学組成は，海流等による海水の循環の結果，均一になったと考えられている．すなわち，海水の組成がほぼ均一であるということは，海水成分の濃度を変動させる要因に比べて海水が速く混合するからである．この均一な組成の要因として，海底の粘土鉱物と海水との間の化学平衡が考えられたこともあった．しかし，もし，そうであるなら世界中の出口のない塩湖の湖水の陽イオン組成も均一になるはずであるが，実際には塩湖ごとに大きく異なっている．したがって，海底の粘土鉱物と海水との間の化学平衡は，海水の化学組成が均一であることの主要因ではあり得ない．海洋は閉じた系ではなく，海水中の物質は常時，供給・除去をくり返し，海水に供給された物質は，それと同量が除かれ，海水の量も海水に溶存している主要成分の総和も変わっていない．このことを，**定常状態**（steady state）という．したがって，海水成分の組成が見かけ上，変化しない背景には物質の動きがある．以上のことを理解するには，海水成分の**平均滞留時間**（residence time）という概念が必要である．平均滞留時間とは，ある成分が海洋に入ってから除かれるまでの時間の平均であり，ある成分の海洋中に存在する総量を年間の供給量または除去量で割って求める（図3.18）．理論上，滞留時間の長い物質ほど，その間によく循環し分布もより均一で，逆に滞留時間の短いものほど分布にむらがあることになる．

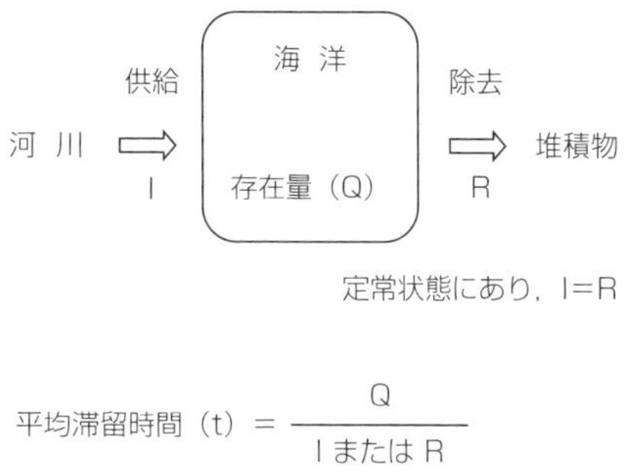

図 3.18　平均滞留時間の概念

海水中の化学成分では，1 mg/kg 以上のものが主要成分，1 mg/kg 以下のものが微量成分と呼ばれることが多い．ただし，微量成分は非常に低濃度であっても，海洋生物にとっては生命活動を促進したり，逆に有害なものもあり，存在量としては少なくても大変重要なものも含まれている．この主要成分，微量成分に分けて，その平均滞留時間を実際に見てみよう．表3.3，3.4にそれぞれ，主要成分，微量成分について，海水中での化学種，濃度，および滞留時間を示した．主要元素のClは平均滞留時間が 9×10^7 年である．3.1.1 に述べたように，深層大循環により，海水が世界一周するのに約2000年かかるとして，9×10^7 年 ÷ 2000 年 = 45000 となり，Clは45000回（約5万回）世界の海を循環してすべてが交換されることになる．いいかえれば，世界一周の最後に約5万分の1程度が交換されたことになる．また，Caは主要成分の中で短い 10^6 年(100万年)の滞留時間をもち，サンゴ，有孔虫が炭酸カルシウムの殻を作り，その死体が海底に堆積し除去されやすい元素である．それでも，10^6 年 ÷ 2000 年 = 500 であり，500回も循環してすべてが交換される．その結果，主要成分の組成は均一になると理解できる．一方，微量成分の平均滞留時間は一般的に短く，Al，Fe，Pbの平均滞留時間は100年程度である．これは，おそらくこれらの元素が粒子を形成して迅速に除去されるためと考えられ，その濃度にむらも認められやすい．しかし，Uのように微量元素であるが平均滞留時間が長いものもあり（4×10^5 年），これはおそらく海水中で安定な錯イオンを形成しているためと考えられる．

3.2.3　海水の塩分

海水中に溶存する様々な塩類の総和，その濃度を**塩分**（salinity）*という．したがって，海洋学では溶存する塩類の濃度を「塩分濃度」でなく「塩分」と呼んでいる．海水の水温・塩分は，海洋観測を実施する際には，必須の測定項目（海水の戸籍）とされている．海水の塩分は，沿岸域等を除いて，外洋域では33～37（平均35）である．例外として蒸発が盛んなペルシャ湾や紅海では42のところもある（図3.8参照）．塩分が低下する要因としては河川水の流入，降水，融氷などが挙げられ，逆に，塩分が上昇する要因としては蒸発，結氷が考えられる．すなわち，

*　塩分：海水はNaClのような特定の塩が溶解してできたものではないが，強酸と強塩基が中和したものとほぼ同じ状態になっている．そこで，海水を強電解質の塩とみなし，その濃度を塩分と呼ぶ．実際には，強塩基の陽イオンのほうが強酸の陰イオンよりもわずかに多く存在しており，この差をアルカリ度（Alkalinity）と呼ぶ．海水のpHは平均8.2である．

表 3.3　外洋海水中の元素の溶存種，濃度と平均滞留時間（主要成分）

元素	海水中での溶存種	濃度（g/kg）	平均滞留時間（年）
塩素	Cl^-	19.85	9×10^7
ナトリウム	Na^+	11.04	6×10^7
硫酸	SO_4^{2-}，$NaSO_4^-$，$MgSO_4$	0.930	9×10^6
マグネシウム	Mg^{2+}	1.337	1×10^7
カルシウム	Ca^{2+}	0.441	1×10^6
カリウム	K^+	0.391	1×10^7
炭素	HCO_3^-，CO_3^{2-}，CO_2	0.0240～0.0288	8×10^4
臭素	Br^-	0.0687	1×10^8
ストロンチウム	Sr^{2+}	0.0080	5×10^4
ホウ素	$B(OH)_3$，$B(OH)_4^-$	0.0046	1×10^7
フッ素	F^-	0.0013	5×10^5

藤永ら（2005）の数値より作成

表 3.4　外洋海水中の元素の溶存種，濃度と平均滞留時間（微量成分）

元素	海水中での溶存種	濃度（g/kg）	平均滞留時間（年）
リチウム	Li^+	1.8×10^{-4}	3×10^6
アルミニウム	$Al(OH)_4^-$，$Al(OH)_3$	$0\sim1.1\times10^{-6}$	2×10^2
チタン	$Ti(OH)_4$	$0.2\sim14\times10^{-9}$	2×10^2
バナジウム	$H_2VO_4^-$，HVO_4^{2-}，$NaHVO_4^-$	$1.3\sim2.0\times10^{-6}$	5×10^4
クロム	CrO_4^{2-}，$NaCrO_4^-$	$1.6\sim2.6\times10^{-7}$	8×10^3
マンガン	Mn^{2+}，$MnCl^+$	$0.4\sim16\times10^{-8}$	6×10
鉄	$Fe(OH)_3$	$0.1\sim5.6\times10^{-8}$	5×10^2
コバルト	Co^{2+}，$CoCl^+$，$CoCO_3$	$0.2\sim18\times10^{-9}$	3×10^2
ニッケル	Ni^{2+}，$NiCl^+$，$NiCO_3$	$1.2\sim7.0\times10^{-7}$	6×10^3
銅	$CuCO_3$，$CuOH^+$	$0.3\sim3.8\times10^{-7}$	5×10^3
亜鉛	$ZnOH^+$，$ZnCl^+$，Zn^{2+}	$0\sim6.5\times10^{-7}$	5×10^4
ヒ素	$HAsO_4^{2-}$，$As(OH)_3$，$As(OH)_4^-$	$0.4\sim1.9\times10^{-6}$	4×10^4
セレン	SeO_3^{2-}，SeO_4^{2-}，$HSeO_3^-$	$0.4\sim1.8\times10^{-7}$	3×10^4
カドミウム	$CdCl_2$	$0\sim1.3\times10^{-7}$	5×10^4
バリウム	Ba^{2+}，$BaCl^+$	$0.4\sim2.1\times10^{-5}$	1×10^4
金	$AuCl_2^-$	$0\sim3.9\times10^{-11}$	4×10^2
水銀	$HgCl_4^{2-}$	$0.4\sim20\times10^{-10}$	4×10^2
鉛	$PbCO_3$，$PbCl^+$，$PbOH^+$	$0.6\sim31\times10^{-9}$	8×10
ウラン	$UO_2(CO_3)_3^{4-}$	3.3×10^{-6}	4×10^5

藤永ら(2005)の数値より作成

海水の塩分は海面を通じての降水と蒸発の差（蒸発量－降水量）によって決まる．3.1.1 に述べたように，大西洋で太平洋より塩分が高いのは，まさにこの理由による．ただし，淡水流入の影響が大きいところでは河川水流入の効果が加わる．

海水の塩分の定義について，歴史的に見てみよう．まず，密度を直接測定して塩分に換算することが試みられた．過去には比重計による密度の直接測定が行われ，チャレンジャー号航海の船上でも行われていた．方法が簡単ではあったが，塩分に換算すると 3 桁の精度（コラム④参照）しかなかった．海洋学では 4～5 桁の精度が必要であり，結局，この測定法は 4 桁以上の精度を必要とする塩分の実用的な測定方法にはならなかった．次に，『海水 1 kg 中に溶存する塩類の g 数（千分率‰，または ppt（parts per thousand）で表示)』と定義された．しかし，実際には，塩分の直接測定は困難である．すなわち，化学的に不安定なもの，あるいは，吸湿性（塩化マグネシウムなど）のあるもの，高温にすると蒸発するものがあり，海水中の塩類をすべて水から分離して定量するのは不可能である．そこで，海水の主要成分の組成が一定ならば，容易にかつ精度良く測れる成分を一つ選んで測定し，後で塩分に換算すればよいとされた．実際には，海水中の塩素量（chlorinity）を硝酸銀滴定によって求め，下の式を用いて塩分に換算することになった．

$$S = Cl \times 1.80655 \qquad (3.4)$$

S は塩分，Cl は塩素量である．しかし，1900 年頃は物質の原子量の測定精度が良くなかったので塩素や銀の原子量が頻繁に訂正された（周期表の値がよく書きかえられた）．また，滴定に用いる硝酸銀溶液の濃度を毎回標定しなければならず，研究者間の滴定技術の差による絶対値の不正確さなどの問題があった．そこで，国際委員会（クヌーツセン議長）は塩分表示をつけた標準海水をつくりコペンハーゲンの研究所から世界の研究者に配布した．これは，メートル原器のようなものである．以後，この標準海水と対比することにより，各海水の塩素量，塩分が求められた．その後，海水の**電気伝導度**（conductivity）を測定して，その値から塩分に換算する方法が一般化した．この電気伝導度を測って塩分を算出する機器をサリノメーターという．

このように，塩分の求め方は変化してきたが，海洋学で必要なのは，塩分の絶対値ではなく正確な変化である．すなわち，相対値で良いのであれば，化学成分の濃度でなくても，塩分に比例（正比例でなくてもよい）する物理量でも良いのである．1982 年になって，ユネスコは**実用塩分**（無次元，または psu：practical salinity unit）として，以下のような塩分の定義の改訂を行い，これが，現在の塩分の定義となっている．

『水温 15℃，1 気圧において 1 kg の水中に塩化カリウム 32.4356 g を含む溶液と電気伝導度が等しくなる海水の塩分を 35 とする．その他の塩分は，水温 15℃，1 気圧における上の塩化カリウム溶液との電気伝導度の比（k）から次式で計算する』

$$S(\text{塩分}) = 0.0080 - 0.1692\,k^{1/2} + 25.3851\,k + 14.0941\,k^{2/3} - 7.0261\,k^{2} + 2.7081\,k^{5/2} \qquad (3.5)$$

つまり，塩分とは比伝導度によって決定される無次元の値である．

現在は，サリノメーターと同様の原理のものを，海洋観測において現場海水中に直接投入し，現場の温度および水深とともに塩分を測定する CTD または STD といわれる装置が普及している．両者は原理的には同じものであるが，伝導度を測定，後に計算で塩分に換算（応答が早い）する装置が CTD，温度効果を内蔵する回路で補正し，直接塩分の値を表示する装置が STD である．通常，この装置は水中で検出部を上下させて移動させながら測定するので，応答がより早い CTD のほうが正確である．いずれにしても，真の塩分や塩素量の値は誰もわからない．知る必要がないのである．最新の技術を用いて絶対測定を行えば，現在の値から 0.1％の桁でずれるといわれている．

3.2.4　海水の物理化学特性

海水と淡水の違いといえば，塩を多量に含んでいるか否かであるが，その違いにより物理化学的に顕著な相違が生じる．図3.19は密度を最大にする温度と氷点温度の塩分依存性を示している．真水は4℃（正確には3.98℃）の時にその密度が最大となるが，この最大密度を示す温度は，塩類の濃度が増加するにしたがって，低下してゆく．一方，海水が凍る温度の氷点温度も，塩類の濃度が増加するにしたがって，真水の0℃からどんどん低下してゆく（氷点降下）．その下がり方のほうが緩やかであり，その結果，塩分24.7（正確には24.695）のところで逆転してしまう．これは，塩分24.7以上の海水は，温度を下げれば下げるほど重くなり，氷点あるいは氷になる時に最も重くなるということである．

海洋でも，池でも，重い水は沈み，軽い水は浮き上がる．そのため，冬に水面が冷やされると，表面の水は沈降し，それに代わって底層の水が上昇する運動，つまり対流が起こる．真水，すなわち，陸上の池の場合，密度が最大となる4℃まで水温が下がると，この対流は止まってしまう．4℃以下の水は逆に軽いので，風などによって物理的にかき混ぜられない限り，表層に留まったままになる．この水面で最も水温が低い状態が続き，やがて氷点に達すると池の水は表面から凍り始め，生じた氷は水より軽いので，そのまま水面を覆っていく．そこで，もしこの池に魚がいたとしたら，その魚は底近くにじっとしていればやがて春を迎えることができる．ただし，池が浅ければほとんど同時に凍ってしまうことになる．一方，真水とは違い，海洋では，水温が下がるほど海水の密度は大きくなるので，鉛直方向の対流は全体の海水が氷点に達するまで続くことになる．標準的海水では全体がマイナス1.8℃になるまで対流は続き，高塩分の海水の冷却はより深いところまで拡大する．

3.2.5　海水の水塊構造と密度

日本近海など中緯度や低緯度の海では，ふつう海面近くには暖かくて軽い海水があり，深い層には冷たく重い海水がある．このような構造を**成層**（stratification）といい，成層している時には，水柱は安定している．海洋では表層と深層の境界には，深さとともに，水温，塩分，密度が急激に変化する層（躍層）があり，これを，それぞれ，**水温躍層**または**温度躍層**（thermocline），**塩分躍層**（halocline），**密度躍層**（pycnocline）と呼ぶ．一方，成層が崩れ，**鉛直混合**（vertical mixing）が起きると表層から底層まで，水温，塩分，密度が均一に向かう．図3.20に，水温躍層，塩分躍層，密度躍層の水深による変化を示した．この図を見ると，水温と塩分の両者の鉛直方向の変化によって密度躍層が形成されることがわかる．また，水温の異なる水であっても，塩分が水温による影響を打ち消すならば，同じ密度になることもあり注意が必要である．

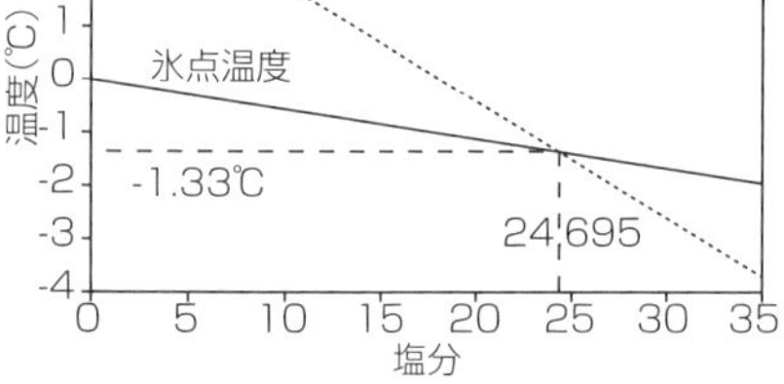

図3.19　密度を最大にする温度と氷点温度との関係

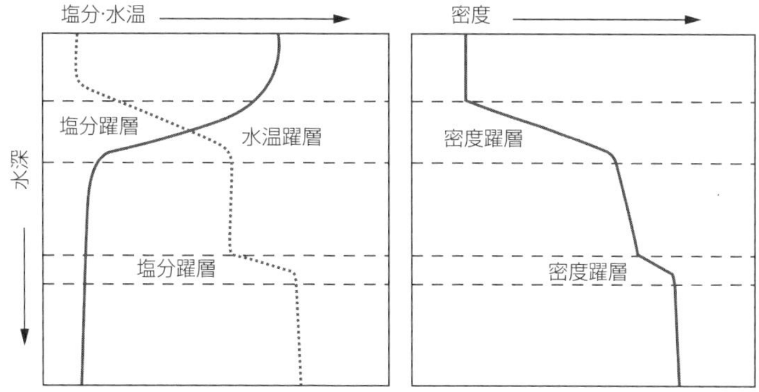

図 3.20　水温躍層，塩分躍層，密度躍層の水深による変化

海水の密度（density, g/cm^3）は水温，塩分，圧力の関数であるが，主には水温と塩分によっている．ただし，もし海水がまったく圧縮されないとすれば，海水面は現在よりも 50 m も高くなるとされている．現場の密度（ρ）の直接測定は困難なため，水温と塩分より算出される．

海水の密度への圧力の影響は非常に小さいので，水深数百 m までであれば，次式で計算される．

$$\rho(t,\ S) = \rho w(t) + (b_0 + b_1 \cdot t + b_2 \cdot t^2 + b_3 \cdot t^3 + b_4 \cdot t^4) \cdot S + (c_0 + c_1 \cdot t + c_2 \cdot t^2) \cdot S^{\frac{3}{2}} + d_0 \cdot S^2 \tag{3.6}$$

ここで，$\rho w(t)$：純粋の密度［$kg \cdot m^{-3}$］

$b_0 = +8.24493 \times 10^{-1}$　$c_0 = -5.72466 \times 10^{-3}$

$b_1 = -4.0899 \times 10^{-3}$　$c_1 = +1.0227 \times 10^{-4}$

$b_2 = +7.6438 \times 10^{-5}$　$c_2 = -1.6546 \times 10^{-6}$

$b_3 = -8.2467 \times 10^{-7}$

$b_4 = +5.3875 \times 10^{-9}$　$d_0 = +4.8314 \times 10^{-4}$

上式は水温 t（℃）が－2 ～ 40℃の範囲で有効である．また塩分（S）は実用塩分であり，0 ～ 42 の範囲で有効である．また，

$$\rho w(t) = a_0 + a_1 \cdot t + a_2 \cdot t^2 + a_3 \cdot t^3 + a_4 \cdot t^4 + a_5 \cdot t^5 \tag{3.7}$$

ここで，$a_0 = +999.842594$

$a_1 = +6.793952 \times 10^{-2}$

$a_2 = -9.095290 \times 10^{-3}$

$a_3 = +1.001685 \times 10^{-4}$

$a_4 = -1.120083 \times 10^{-6}$

$a_5 = +6.536332 \times 10^{-9}$

上式は水温 t が 0 ～ 40℃の範囲で有効である．

密度を直接表示すると桁数が多くなって煩わしく，初めの1.0はいつも出てくるので，通常は次式で定義されるシグマ（σ）で表示される．

$$\sigma = (\rho - 1) \times 1000 \tag{3.8}$$

σは，無次元で，密度の小数点第2位，3位の数値を問題にするものである．例えば$\rho = 1.021$ g/cm^3ならば，$\sigma = (1.021 - 1) \times 1000 = 21$となる．また，温度tの時の$\sigma$をシグマt（$\sigma$t）と呼ぶ．

一般的に，海洋では，表層水は高温，低塩分で密度が小さく，逆に，底層水は低温，高塩分で密度が大きくなっている（図3.20）．また，外洋域では，塩分の変化が小さく，水温の変化のほうが密度に対する影響は大きい．逆に，沿岸海域では，淡水流入などによる塩分の変化が大きく，水温の変化よりも塩分の変化が密度に大きく影響することになる．図3.21に，北九州市の洞海湾を例に，沿岸海域における夏季の水温，塩分，σtの時空間分布を示した．洞海湾は水路状の小さな内湾で，湾内に流入する河川が湾奥（図中左側）に集中している．湾内の水温は表層で高く底層で低く，塩分は河川水の流入により湾奥表層部で低くなっている．したがって，σtも湾

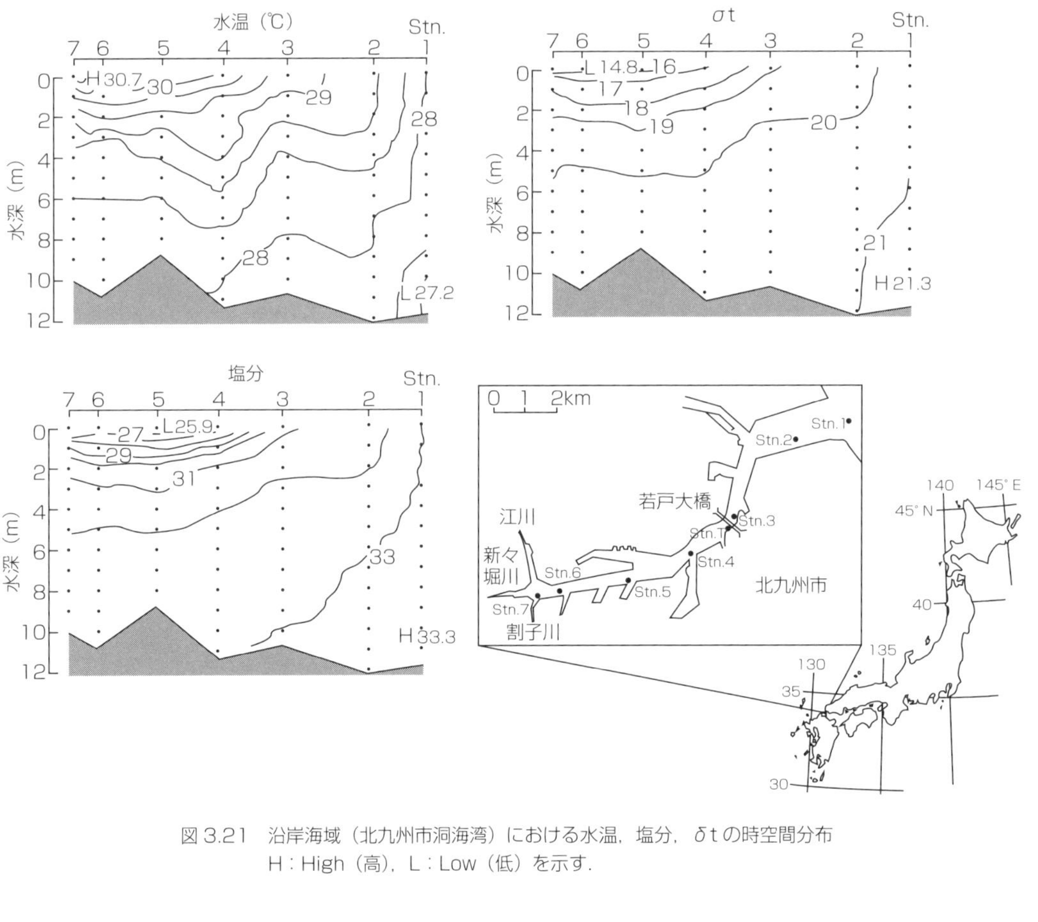

図3.21　沿岸海域（北九州市洞海湾）における水温，塩分，δtの時空間分布
H：High（高），L：Low（低）を示す．

奥表層部で低く，湾口部へ向かうほど，また湾奥底層に向かって高くなっている．

以上のように水温と塩分の変化で密度は決定されるが，同じ水温・塩分をもった比較的均質な海水の広がりを**水塊**（water mass）と呼び，これは気象学における気団に相当する．水塊の分析には，縦軸に水温（T），横軸に塩分（S）を取ったグラフ（T－S ダイアグラム）がよく用いられる（図 3.22）．別のいい方をすれば，水塊とはT－S ダイアグラム上で同じ座標付近に分布する海水のことである．図中を右上がりに斜めに走る線上の 24.0 から 29.0 までの数値は σt の値を示している．この右上がりの σt の等値線は上に凸の線となっている．このことは，同じ密度で異なる水温，塩分をもった海水が 1：1 で混合した場合には，混合した海水の密度はその平均ではなく，より密度が高くなることを意味している（キャベリング効果）．図 3.23 は，世界の海洋の全層の水温・塩分分布をもとにして，水塊区分を行った結果である．水塊分布に注目すると，表層付近（100～200 m）の海水の水温，塩分は熱や淡水の供給量にばらつきが

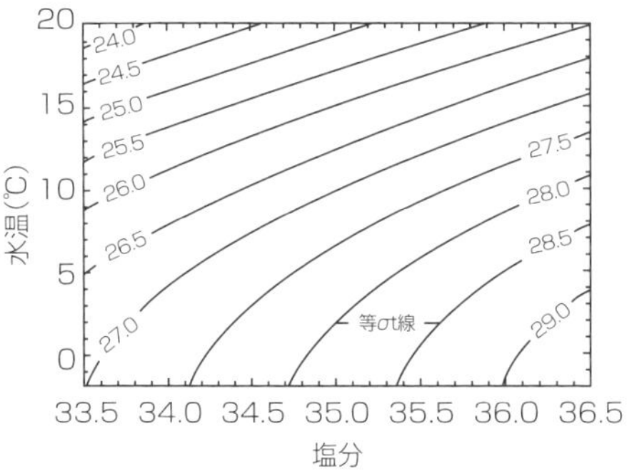

図 3.22　T－S ダイアグラム（水温(T)，塩分(S)，σt の関係）

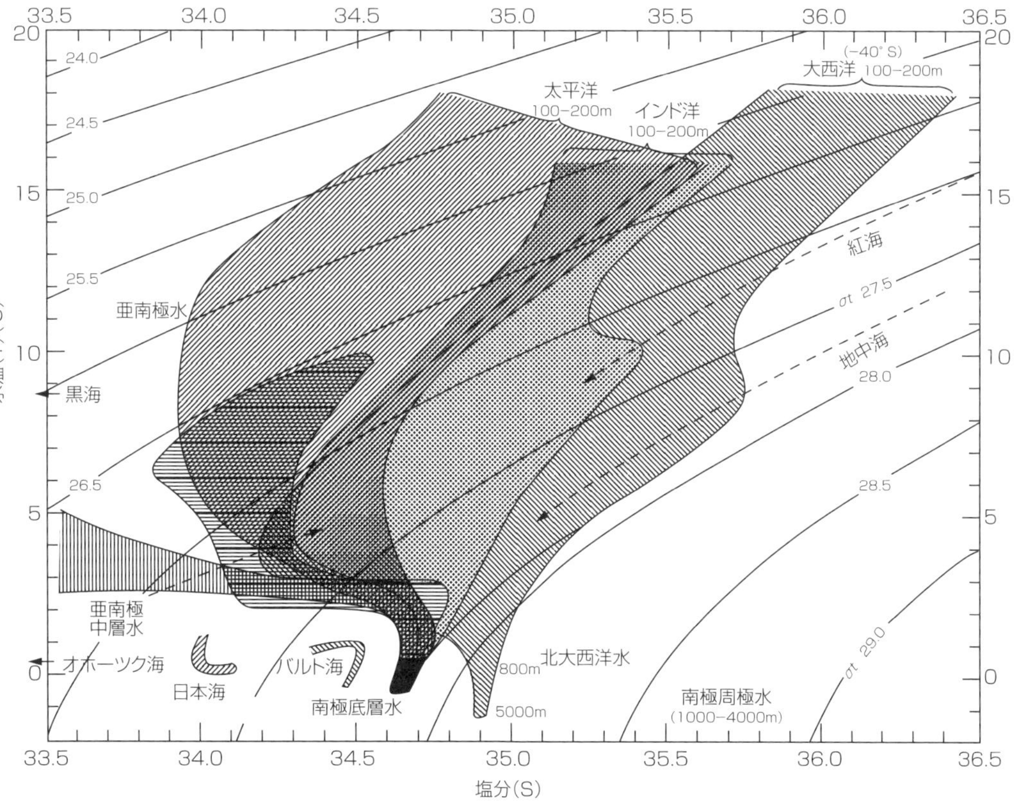

図 3.23　大洋の海水の水温－塩分（T－S）図

あるために大きなバリエーションをもち図中では広がりをもっている．一方，深さが増すにしたがって，海水の水温と塩分は均一化して水温0℃，塩分34.5〜35.0付近に収束している．深層の海水はより高塩分の北大西洋深層水とそれよりも低塩分の南極深層水の二つに分類することができる．これは，世界の海水の深層水が形成される二つの海域の密度の高い深層水である．

コラム④【精度と正確さ】

化学分析を行う際には，必ず誤差が生じる．分析化学では**精度**（precision）と**正確さ**（accuracy）は明確に区別されている．

今，A，Bの二人が海水中のある物質の濃度を測定したとしよう．二人が同じ海水試料を3回分析をした結果は，下の数直線上に示した通りであった．仮に，真の値（分析値の正解値）というものが存在したとして，真の値をT，二人の3回分析値の平均をそれぞれAV_A，AV_Bとする．

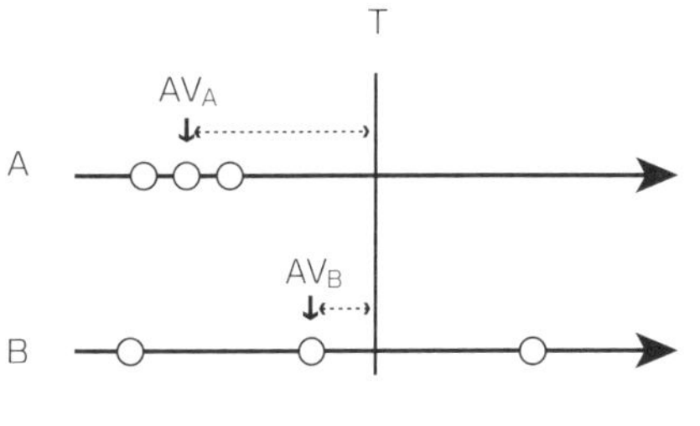

図　数直線状に示したA，Bの二人の分析値（○）と平均値（AV_A，AV_B），真の値（T）

Aは3回の分析値が，Bに比べて狭い範囲にあり，そのばらつきが小さい．この時，Aのほうが分析の精度が高いという．しかし，両者の3回の平均値（AV_A，AV_B）をみてみると，AV_BのほうがAV_Aよりも真の値（T）からの隔たりが小さい．この時Bのほうが正確であるという．

海洋観測で用いられる温度計やサリノメーターについては，データの相互比較のために，得られたデータの精度と正確さを把握しておくことは重要である．一般に使用されている温度計の精度は±0.1℃程度であるが，精度±0.003℃の温度計もある．サリノメーターも通常は精度±0.1程度のものが多いが，精度±0.003以上のものもある．また，正確さは，使用する計器の標準化・機器の校正（キャリブレーション）を行うことにより保証される．

なお，化学分析では「精度」，「正確さ」とともに，**感度**（sensitivity）もよく問題になる．感度は，どこまで低い桁まで測定できるかを指す．

第 4 章　海洋の低次生物生産過程

4.1　世界の海の一次生産量の分布とその支配要因

第 2 章に述べたように，海洋生態系を支えているのは，植物プランクトンによる海洋表層部での光合成である．図 4.1 に世界の海洋における一次生産量の分布を示した．その分布を概観すると，沿岸域や高緯度域で高い値がみられ，大洋の中央部での生産性は相対的に低い．すなわち，面積的には全海洋の 90％を占める外洋域の一次生産量は 100 mgC/m^2/日以下と低く，9.9％の沿岸域や，わずか 0.1％にすぎない沿岸湧昇域が 250 mgC/m^2/日以上と高い値になっている．このように高緯度や沿岸域で一次生産量が高いことは，陸上における一次生産量の分布とは大きく異なっている．陸上では，植物の生物量や一次生産量が低緯度で高く高緯度では低い（口絵 2）．陸上植物あるいは海洋表層部の植物プランクトンの光合成に影響を及ぼす主な要因は，大きく分けて三つ考えられる．すなわち，温度，光，栄養塩である．陸上では低緯度域において一次生産量が高い理由は，低緯度域では温度が高く，十分量の光があるためと考えられる．一方，海洋では一次生産量の分布を支配する要因が，温度や光の量ではないことが考えられる．そこで，海洋表層部の栄養塩濃度の水平分布について見てみると（図 4.2），硝酸塩，リン酸塩，溶存ケイ酸濃度の水平分布は，それぞれ，高緯度域で高く，低緯度域で低い．一次生産量が高い海域と栄養塩濃度が高い海域はよく一致している．つまり，栄養塩が，第一義的に海洋の一次生産量の水平

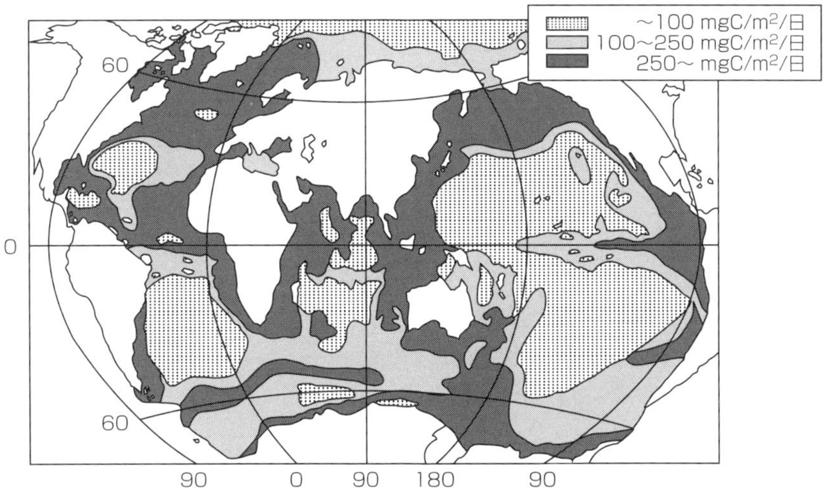

図 4.1　海洋の一次生産量の水平分布（Berner and Berner（1996）を簡略化）

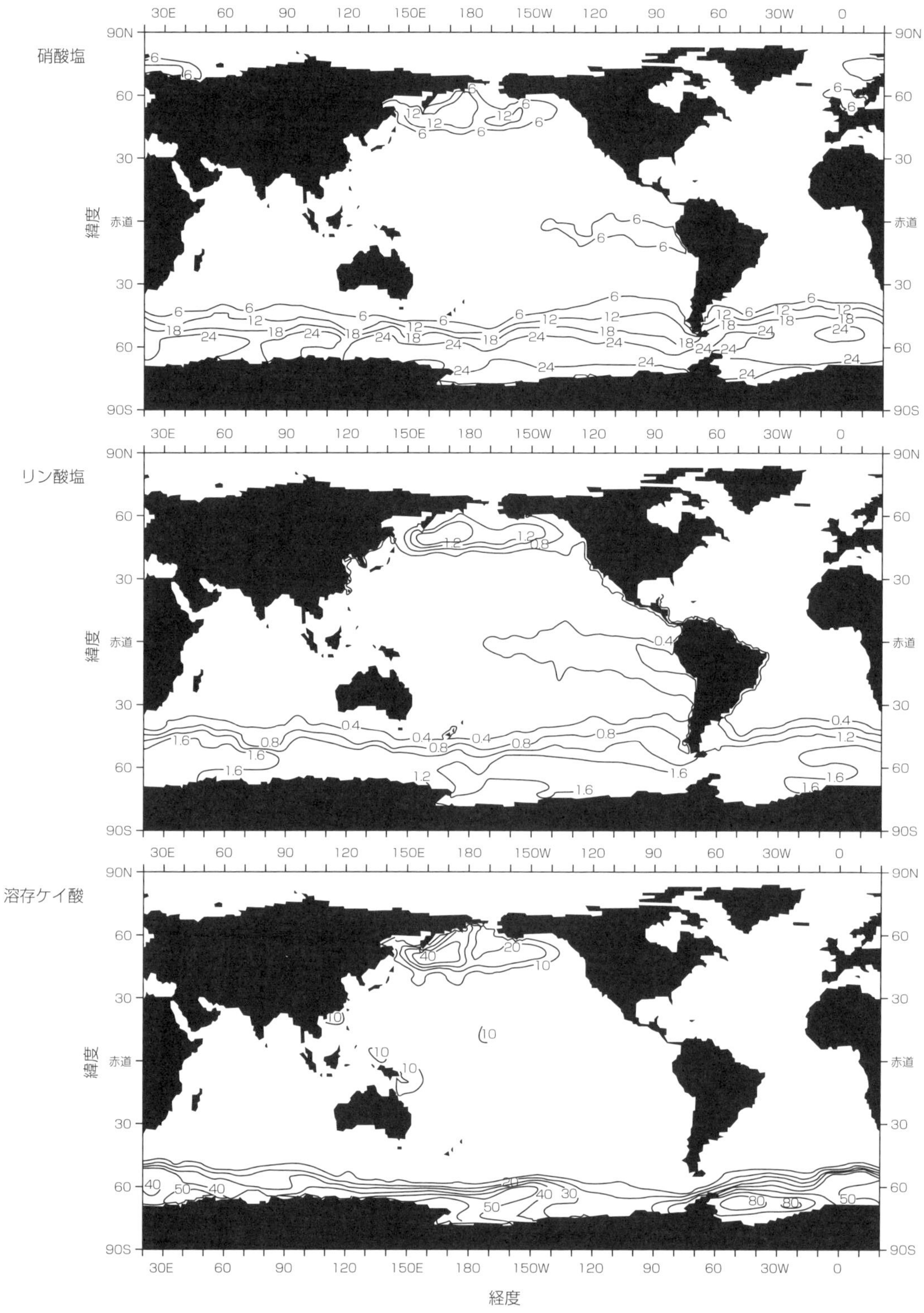

図 4.2　海洋表層部の栄養塩濃度の水平分布（上段が硝酸塩，中段がリン酸塩，下段が溶存ケイ酸濃度（μM））（Levitus *et al.*, 1993）

分布を規定しているのである．

第2章でも，栄養塩という言葉を用いたが，ここで，その定義をはっきりさせよう．海洋で植物プランクトンの成長に必要な物質のうち増殖の**制限要因**（limiting factor）となる物質，別のいい方をすると海洋の生物生産の際に不足しがちな成分（窒素（N），リン（P）およびケイ素（Si））の無機塩類を指して**栄養塩**（nutrient）と呼ぶ．具体的には，N，P，Si が溶存無機物の状態で海水中に存在しているものを指し，アンモニウム塩（NH_4^+），硝酸塩（NO_3^-），亜硝酸塩（NO_2^-），リン酸塩（PO_4^{3-}），溶存ケイ酸（$Si(OH)_4$）がそれにあたる[*1]．特に，NH_4^+，NO_3^-，NO_2^-は，**無機三態窒素**（DIN：Dissolved Inorganic Nitrogen）と呼ばれる．この中で，酸素が溶けている通常の海水中で熱力学的に最も安定なのは硝酸塩である．亜硝酸塩は有機物の分解過程でつくられ，アンモニアは動物から排出され，表層海水中にわずかに認められる．一方，リンは海洋環境中では酸化還元で化学形を変えることはなく，常にリン酸塩である．これらの無機物は海水中では塩の溶液のようになっているので栄養塩と呼ばれている．しかし，ケイ素は海水中では溶存ケイ酸（$Si(OH)_4$）の形で存在し，ほとんど解離していないので，栄養塩としてのケイ酸をケイ酸塩（Silicate）と呼ぶのは不適当で，溶存ケイ酸（Dissolved silicic acid）と呼ぶほうがふさわしい．ケイ素は，植物プランクトンのうち珪藻類等の Si を必要とする種類に限って増殖の制限要因となる．この珪藻類は細胞表面にガラス質（ケイ酸質）の殻をもっており，植物プランクトンの分類群の中でも主要なグループである．世界の海の全植物プランクトン生産の約25～60％までは珪藻類によるものといわれており，沿岸域など生産性の高い海域ではその割合はさらに高い．

海洋における植物体を構成する主な元素は，炭素（C），水素（H），酸素（O），窒素（N），硫黄（S），リン（P），ケイ素（Si），カリウム（K），カルシウム（Ca），マグネシウム（Mg）などであり，地球化学的にはこれらの生物活動に必須な材料となる物質は**親生物元素**（biophilic element）と呼ばれる．この他にも鉄（Fe），ホウ素（B），亜鉛（Zn），銅（Cu），マンガン（Mn），コバルト（Co），モリブデン（Mo），バナジウム（V）なども生物活動に必須な材料となる物質であり，これらは生物学上，**微量元素**（trace element）と呼ばれている．このうち，炭素，水素，酸素は生物の体を構成するのに大量に必要とされるが，これらは海水中に十分量存在しているために，海洋の生物生産を妨げる制限要因となることはない．一方，もともと海水中に十分存在しない窒素はタンパク質，リンは核酸成分やリン脂質，ケイ素は珪藻類の殻の成分として利用されるため，海では不足しがちになる．陸上では N，P，K が陸上植物の肥料の 3 要素であり，これらが作物を栽培する際には不足しやすい成分である．しかし，第3章で見たように K は海水中の主成分であり，海洋の植物プランクトンが増殖する際に不足することはない．一方，Si は土壌中には多く存在するが海水中では比較的溶けにくく不足しやすい成分である．

---

*1　海水中に溶存する窒素やリンの栄養物質は，厳密には化学でいう塩，すなわち，酸から生じる陰イオンと塩基の陽イオンとがイオン結合した化合物ではないが，塩の溶液のように海水に溶けているので栄養塩と呼ばれている．個々の栄養塩を名指しする場合は，例えば，PO_4^{3-}の場合には，リン酸塩，リン酸イオンあるいはリン酸態リンと表現する．ただし，いちいち，「リン酸態リン」のように書くのは煩わしいので，単に，リン，リン酸と表現されることも多い．本書では，リン酸塩という用語を用いることにする．一方，濃度単位で表記する場合には，単にμM などではなく対象を特定し，PO_4-P μg-at/L などと表記されることもある．

4.2　栄養塩と溶存酸素の鉛直分布

ここまでは栄養塩を水平方向で見てきたが，海水中でのその鉛直分布はどのようになっているのだろうか．栄養塩の一つであるリン酸塩濃度の典型的な鉛直分布の例を図4.3に示す．海洋におけるリン酸塩濃度は，表層から中深層まで水深とともに増加して極大値をもち，それ以深では減少あるいはほぼ一定の濃度となっている．表層海水中のリン酸塩のほとんどは植物プランクトンに摂取されるためにその濃度が表層で低くなる．やがて，植物プランクトン細胞は他の生物などとともに死骸となって深層に向かって沈降してゆく．この生物の死骸などは，主に海洋の中深層において，動物や細菌によって分解され，リンの大部分が再び海水中に溶け出してゆく．なお，この鉛直分布型は，「栄養塩型」とか「下に凸」などと呼ばれている．リン酸塩濃度の鉛直分布を大洋ごとに重ね合わせてみると，中深層水中のリン酸塩濃度は，大西洋，インド洋，太平洋の順に増加している．これは，第3章で述べた深層水の流れによるものであり，表層水の沈降によって形成される深層水は主として北大西洋にその源をもつ．この深層水の流れに乗って，表層部から沈降してきた有機物の分解で海水中に溶け出したリン酸塩が中深層に蓄積されながら大洋のなかで運ばれている様子を示していると考えられる．

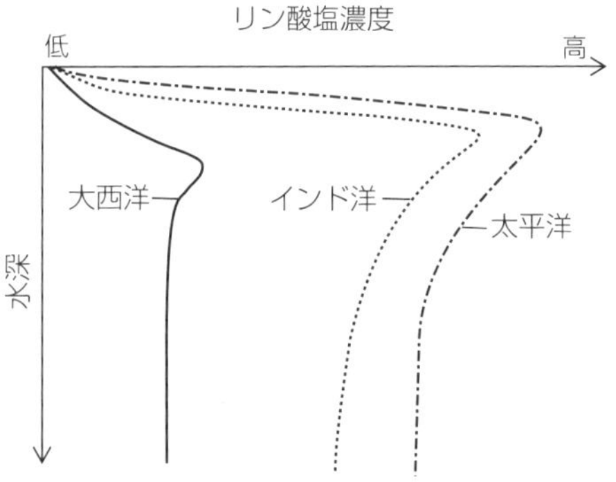

図4.3　リン酸塩の鉛直分布（蒲生（1983）を改変）

次に，リン酸塩だけでなく，硝酸塩，溶存ケイ酸，および**溶存酸素**（DO：Dissolved Oxygen）の分布を図4.4に示す．硝酸塩，溶存ケイ酸濃度も，リン酸塩濃度と同様に表層から中深層まで水深とともに増加して極大値をもち，それ以深では減少あるいはほぼ一定の濃度を示している．これらは，リン酸塩と同様に，表層海水中ではそのほとんどが植物プランクトン

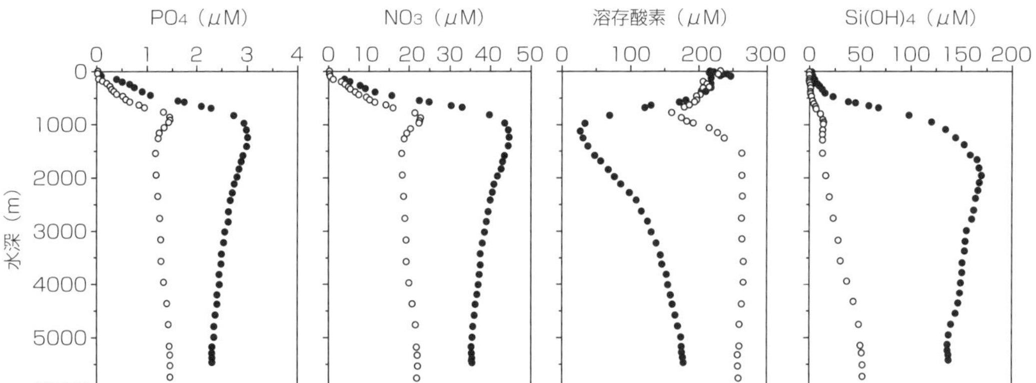

図4.4　リン酸塩，硝酸塩，溶存酸素，および溶存ケイ酸濃度の鉛直分布（野崎（1994）を改変）
○は大西洋，●は太平洋の定点における観測値（二点はほぼ同じ緯度）．

に摂取され枯渇状態であり，その後，植物プランクトン細胞が他の生物などの死骸とともに深層に向かって沈降し分解され，これらの成分が再び海水中に溶け出した結果と考えられる．一方，溶存酸素は，栄養塩の鉛直分布とはほぼ対称の形をしている．すなわち，表層から中深層まで水深とともに減少して極小値をもち，それ以深では増加あるいはほぼ一定の濃度を示している．これは，前述のように栄養塩が有機物から酸化分解されて再生する際に海水中の溶存酸素が消費されたためと考えられる．

ここで，溶存酸素について，もう少し詳しく見てみよう．そもそも，海洋における気体物質の出入りは，大気－海洋の海面のみで起こっているとみなすことができ，大気中のすべての気体は海水中にも溶けている．海洋に一番多く含まれる気体は窒素であり，窒素は表層から深層にいたるまで飽和している．これは，窒素ガスが化学的，生物学的に不活性であり，海水に溶解後もその濃度に変化が少ないということを示している．一方，酸素は表層付近でのみ過飽和で，表層以深では未飽和となっている．溶存酸素濃度が表層で高いことは，大気中からの供給と光合成によって生産されたためである．表層以深の海水では大気からの補給が断たれ，また，有機物の酸化分解によって酸素は消費される一方である．したがって，もし酸素の生化学的な消費がなければ，酸素も窒素のように表層から深層にいたるまで飽和しているだろう．

ここで，栄養塩と溶存酸素の関係についてさらに詳しく見てみよう．図4.4では，水深1000 m付近で硝酸塩，リン酸塩濃度は極大を示し，溶存酸素濃度は極小（酸素極小層）となっている．鉛直的にある深さで酸素が極小値を取るのは，大気からの供給量，乱流拡散による運搬量，酸素消費の組み合わせにより生ずるからである．大西洋と太平洋のほぼ同じ緯度の2点における硝酸塩，リン酸塩濃度の鉛直分布を比べてみると，硝酸塩，リン酸塩はともに水深1000 m付近で極大値を示し，太平洋は大西洋の約2倍の濃度である．また，様々な海域における海水中の硝酸塩とリン酸塩の濃度比は16に近い値を取る．図4.5は，北西太平洋における硝酸塩濃度をy軸に，リン酸塩濃度をx軸にプロットしたものであるが，両者の関係は直線的で，その傾きはほぼ16となっている．一方，図4.4の溶存ケイ酸濃度の鉛直分布に注目するとリン酸塩や硝酸塩濃度の分布と異なる二つの特徴に気が付く．一点めは大西洋と太平洋での濃度差が大きくその差は2倍以上ある．二点めは，溶存ケイ酸濃度の極大層はリン酸塩や硝酸塩よりも深く，水深2000 m付近にあることである．現在のところ，ケイ素ほど両大洋で差のある化学成分は他に見つかっていない．これは，窒素やリンに比べて珪藻類のもつ硬いケイ酸質の殻からケイ素が分解されにくく海水中に溶け出しにくいためであると考えられている．また，溶存ケイ酸と溶存酸素の鉛直分布の関係には，リン酸塩や硝酸塩と溶存酸素との間で見られるような対称の形が認められない．これは，酸素消

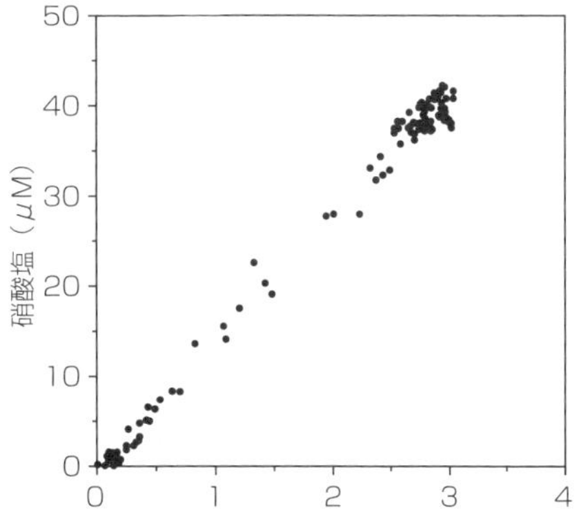

図4.5 北西太平洋におけるリン酸塩と硝酸塩濃度との関係（白鳳丸 KH-87-2 次航海で得られたもの）

費をともなわない過程でケイ素が再生されていることを示している．したがって，海水中の溶存ケイ酸の濃度は，珪藻類など生物の殻や骨格の形成と物理化学的な溶解によって変化していると考えられる．

溶存酸素濃度とリン酸塩および硝酸塩との関係について，もう少し詳しく見てみよう．海水中の溶存酸素の溶解度（飽和濃度）は，海水の温度と塩分と圧力によって決まる．すなわち，水温と塩分と圧力がわかれば，最大どれだけの酸素が溶け込むことができるのかを計算で求めることができる．ある海水の酸素飽和濃度と溶存酸素の実測値との差を**見かけの酸素消費量**（AOU：Apparent Oxgen Utilization）という．

$$\text{AOU} = \text{酸素飽和濃度} - \text{現場の酸素濃度} \tag{4.1}$$

図4.6は，太平洋深層水における硝酸塩濃度とAOUの関係を示したものである．両者の間に直線関係が認められるのは，有機物が分解した際に溶存酸素が消費され，その際に酸素の消費量に見合うだけの硝酸塩が再生されていることを示していると解釈できる．したがって，その傾きは消費される単位酸素量当たりの硝酸塩の再生量を示している．また，図4.6では，直線はy切片をもっている．すなわち，AOUが0でも約20 μMの硝酸塩が残っている．これを保存性の栄養塩といい，これに対してAOUの増減にともない変化する硝酸塩を非保存性の栄養塩と呼ぶ．保存性の硝酸塩が現存していることは，海水には有機物の分解に消費された酸素量から予想されるよりも過剰の栄養塩が存在していることを意味している．これは，第3章で述べたように，北大西洋やウェッデル海で表層水が沈み込んで深層水を形成する時に，すでにその海水がもっていた栄養塩を含んでいるからである．

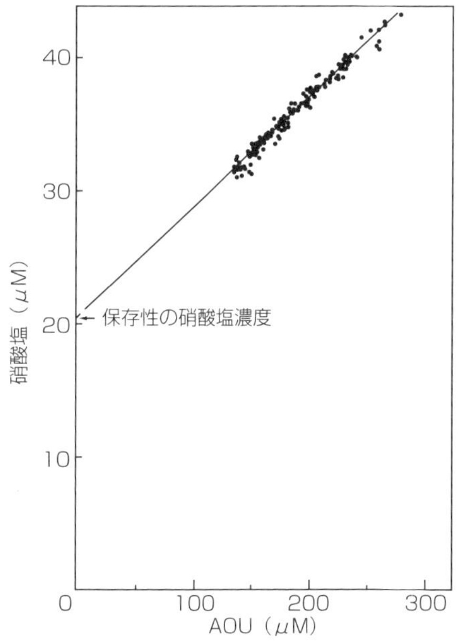

図4.6　太平洋深層水における硝酸塩濃度とAOUの関係（野崎（1994）を改変）

リン酸塩とAOUとの関係についても，硝酸塩と同様の関係が認められることが古くから知られており，硝酸塩とAOUとの関係よりも鮮明な直線関係が得られることが多い．それは，海水中の無機窒素が硝酸塩，亜硝酸塩，アンモニウム塩と形を変化させるのに対し，リンは酸化還元状態にかかわらずリン酸塩であるためである．このように，栄養塩と酸素は，生物活動と密接に結びついており，溶存酸素濃度は生物が関係する事柄の研究においては必ず測定されている．

4.3　プランクトンの示性式とレッドフィールド比

植物プランクトンや動物プランクトンは，顕微鏡で観察すると様々な形をしているが，その細胞を構成している炭素：窒素：リンの組成はほぼ一定の割合となっている．表4.1に示したように，動植物プランクトンの平均組成比はC：N：P ＝ 106：16：1となる．この比はプランクトンの元素組成比を研究した米国の海洋学者アルフレッド・レッドフィールド（Alfred C. Redfield，1890～1983）の名前を取って**レッドフィールド比**（**Redfield ratio**）と呼ばれている．なお，これにケイ素を加えたC：N：P：Si ＝ 106：16：1：15についても同様にレッドフィールド比と呼ばれる場合がある．海洋の中での物質循環を巨視的に見る時には，この比は大変重要であり，生物海洋学，化学海洋学では定数のように扱われている．

海洋の生物は多種多様であるが，海水中で量的には動植物プランクトンだけで海洋の生物の約90％を占めている．したがって，海洋におけるプランクトン細胞の生産と分解を検討することは，海洋全体の生物を通した物質循環を考察することになる．動植物プランクトンの平均のN/P比は，レッドフィールド比より16である．4.2で述べたように，海水中の硝酸塩：リン酸塩の比も16に近い値であり（図4.5参照），両者の比はほぼ同じである．これは，『海洋生物が，海水のN/P比を16にしたのか？』あるいは，『海水が，生物のN/P比を16にしたのか？』は鶏が先か卵が先かの議論と同様で，結論が出る問題ではない．しかし，このことから海洋の生物活動を化学方程式を用いて表すことができる．まず，平均的生物体を化学式で示すと下記のようなプランクトンの示性式として表すことができる．

$$\text{プランクトンの示性式：}\quad (CH_2O)_{106}\cdot(NH_3)_{16}\cdot(H_3PO_4) \tag{4.2}$$

上記のプランクトンの示性式では，レッドフィールド比のC：N：P ＝ 106：16：1より，$C_{106}N_{16}P$と考え，かつプランクトンの細胞内の炭素はすべて炭水化物（CH_2O），窒素はすべてアミノ酸のアミノ基（NH_3），さらにリンは生物過程では酸化還元には無関係であると考えリン酸態（H_3PO_4）であると仮定している．

次に，このプランクトン（プランクトンの示性式）を酸素が十分量存在する環境を考えて，有機態炭素は二酸化炭素（CO_2）に，窒素は硝酸（NO_3）に完全に分解されると仮定する．事実，実際の海水中でも無機態の窒素はそのほとんどが硝酸態である．また，リンはリン酸（H_3PO_4）

表4.1　植物プランクトンと動物プランクトンの細胞内元素組成
（原子比の平均値）（Redfield *et al.*, 1963）

	C	N	P
植物プランクトン	108	15.5	1
動物プランクトン	103	16.5	1
動植物プランクトンの平均	106	16	1

まで分解される完全酸化分解の式をたてると以下のようになる．

$$(CH_2O)_{106}\cdot(NH_3)_{16}\cdot(H_3PO_4)+138\,O_2 \leftrightarrows 106\,CO_2+16\,HNO_3+H_3PO_4+122\,H_2O \qquad (4.3)$$

この式を見ると，プランクトン細胞（プランクトンの示性式）1 mol を分解するのに，138 mol の酸素（O_2）が必要であり，完全酸化分解を受けた結果，106 mol の CO_2 と 16 mol の HNO_3 と 1 mol の H_3PO_4 が生成していることがわかる．また，この式は右向きの→が分解反応を，左向きの←が光合成による有機物の合成と考えることができる．この時，生成する CO_2 と消費される O_2 の分子比（106/138＝0.78）を呼吸商と呼ぶ．酸素が不十分な分解反応（発酵）では呼吸商は0.78 より大きくなる．さらに，分解生成する C，N，P と消費される O の比は下記のようになり，この関係を用いたモデルを，この関係を研究した論文の著者名の Redfield, Ketchum and Richards（1963）から RKR モデルと呼んでいる．

$$\Delta C : \Delta N : \Delta P : \Delta O = 106 : 16 : 1 : -276 \qquad (138\,O_2 = 276\,O) \qquad (4.4)$$

4.4　新生産と再生生産

海洋の一次生産に必要な栄養塩は，バクテリアや動物プランクトンが有機物を分解代謝する際に再生される．栄養塩の再生は，表層でも中深層でも起きている．前述のように，海洋表層部では植物プランクトンが有機物生産のために栄養塩が消費され，表層以深では有機物が分解されて栄養塩が再生するために，一般に栄養塩濃度は表層で低く，中深層で高い．表層と中深層の海水が上下で混ざらない場合，表層での植物プランクトンの増殖は主に表層内で再生された栄養塩を利用することになる．表層と中深層の海水が混ざる場合には，植物プランクトンの増殖は下の中深層から供給される高濃度の栄養塩を利用して行われる．このように，表層での植物プランクトンの生産が表層で再生された無機栄養塩類によるものか，外から表層に運ばれたものかによって，前者を**再生生産**（regenerated production），後者を**新生産**（new production）という．したがって，

$$全一次生産 \quad = \quad 新生産 \quad + \quad 再生生産 \qquad (4.5)$$

となる．この「新生産」,「再生生産」の概念は植物プランクトンの窒素の取り込みに関して提唱されたものである（Dugdale and Goering，1967）（図 4.7）．窒素は海洋の有光層内では呼吸や分解の結果アンモニア（および尿素）として再生されているにもかかわらず，海洋の表層部では, アンモニアが高濃度で検出されることは非常に稀である．これは, 再生されたアンモニア（および尿素）はただちに植物プランクトンに取り込まれているためと考えられている．一方，外部

から表層に運ばれたものとして考えられるのは，中深層で再生された硝酸塩である．したがって，非常に単純化してしまえば，

再生生産＝アンモニウム塩の取り込み
新生産　＝硝酸塩の取り込み

と考えることができる．式（4.5）に示した全一次生産に占める新生産の割合を**f 値**（f ratio）と呼ぶ．f 値は一次生産量が増大するとともに 0.1 から 0.5 まで増大し，飽和型の関数として表される．海洋表層部の生物群集の量が一定に保たれている，すなわち定常状態になっていると仮定すると，新生産は沈降によって海洋表層部から除去される有機物量（これを**移出生産**（export production）という）と等しい．したがって，f 値は，移出生産に回されるものの割合を意味している．

なお，新生産の概念として，有光層の外部とは，当初は，下層からの硝酸塩の供給と窒素固定が考えられていたが，大気からの降下物による供給，水平方向の系外からの供給も含めて考えられることもあり，その場合は植物プランクトンに取り込まれる窒素化合物の形態は硝酸塩だけではない（図 4.7）．

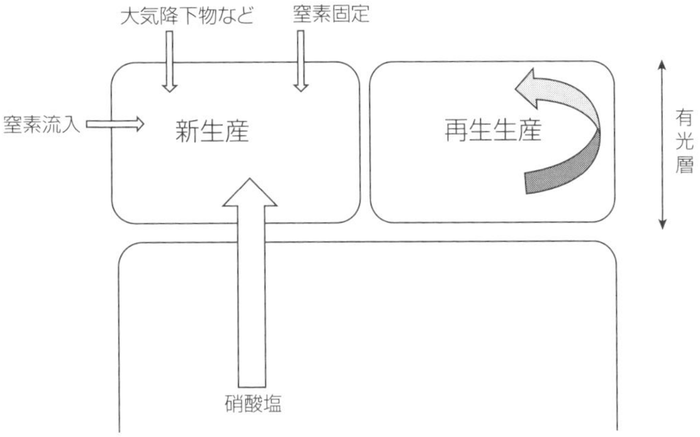

図 4.7　新生産と再生生産の概念

4.5　光合成と海洋の光条件

2.5 に述べたように，植物プランクトンは光合成に際して光を必要とするが，海洋に入射した光は，水深とともに指数関数的に減衰していく．その様子は，近似的に以下の式で表される．

$$I_z = I_0\, e^{(-Kz)} \qquad (4.6)$$

ここで，I_z と I_0 は水深 z と海面直下における光強度，K は光の減衰度合いの指標となる**減衰係数**（attenuation coefficient）である．植物が光合成で利用し得るのは，波長域 350〜700 nm（定義によっては 400〜700 nm）の光であり，これを**光合成有効放射**（PAR：Photosynthetically Available Radiation）という．また，光合成の基本反応は光量子が駆動するため，光強度はエネルギーに加えてしばしば光量子数（例：μmol quanta/m^2/秒）で示される[*2]．

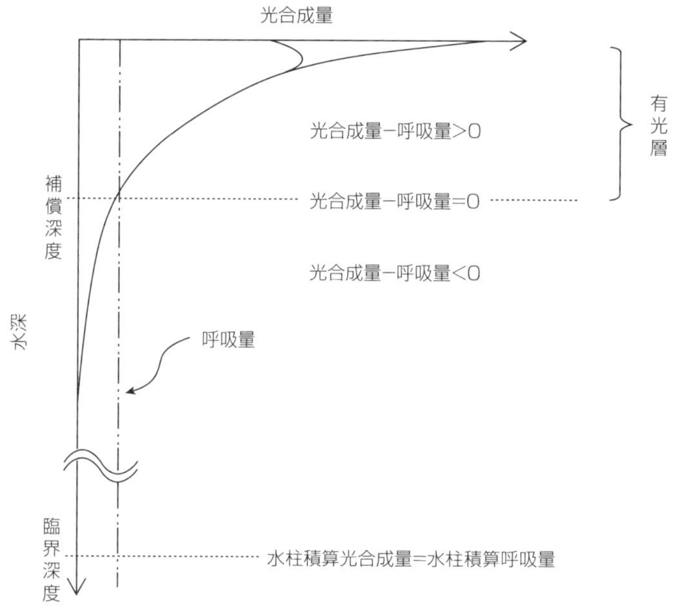

図 4.8　光合成量と呼吸量の鉛直分布

光合成に十分な光量がある層を**有光層**（euphotic zone）と呼ぶと 2.5 に述べたが，今，水柱内に植物プランクトンが一様に分布していると仮定すると，光合成量と呼吸量の鉛直分布は図 4.8 のようになる．海水中に入射した光は指数関数的に減少するので，それにともなって，植物プランクトンの光合成量も水深とともに減少する．ただし，表面近くでは日射量が強すぎて光合成量の極大値は表面よりやや下層に現れることもある（強光阻害：5.4.2 で解説）．一方，水柱内に植物プランクトンが一様に分布しているので，水深による呼吸量の変化はほとんど見られない．そのため，ある深さで植物プランクトンの光合成量と呼吸量とが等しくなり，この深さを**補償深度**（compensation depth）という．つまり，有光層とは海面から深さとともに減少する植物プランクトンの光合成量が呼吸量と等しくなる深さまでの層ということになり，有光層の下限の深度が補償深度である．なお，便宜上海面直下の光強度 I_0（100％の PAR 強度）が 1％に減衰する深さを補償深度とみなすことが多い[*3].

有光層内では光合成量が呼吸量を上回る（光合成量＞呼吸量）．しかし，補償深度以深では光合成量が呼吸量を下回る（光合成量＜呼吸量）ので，植物プランクトンはマイナスの生産を強いられている．水柱を下方に延長すればするほど積算呼吸量が増加し，水柱積算光合成量はもはや増加しないため，やがて双方の積算値が等しくなる．その深度を，**臨界深度**（critical depth）

*2　かつては，人間の視覚特性を加味した明るさ（測光量）である「照度」（lux など）が多用されていたが，今日ではほとんど用いられていない．

*3　白い直径 30 cm の円板（セッキー円板）で測定した透明度深の 2 ～ 3 倍の深度とされている．瀬戸内海などでの沿岸域では，透明度深の 2.8 倍の値が用いられている．
一般に補償深度以浅の層を有光層と呼ぶことが多いが，本来は有光層とは太陽光の届く深さ（photic zone）のことであり，生物の感光限界までの深さを指す．したがって，euphotic zone（有光層）の訳語としては，厳密には真光層とするほうが正しい．

と呼んでいる.

4.6　植物プランクトンの季節変動

自然環境下では，日射量や水温，および表層水中の栄養塩濃度が季節的に変動し，それに応じて植物プランクトンの現存量や生産量も季節変動することになる．中高緯度海域で一般に観察されるそれらの季節変動を図4.9に示した.

日射量は冬から夏にかけて上昇し，夏から秋にかけて減少する．海水の比熱は大きいため，水温は日射量の変化よりもやや遅れて上昇，低下する．冬から春にかけて日射量，水温がともに上昇し，表層水中に存在する栄養塩を消費して植物プランクトンが盛んに増殖し，植物プランクトンの現存量および生産量は一時的に急増する．これを**春季大増殖**（ブルーム：spring bloom または単に blooming）という．この植物プランクトンの大増殖にともなって栄養塩が消費されることで，春季大増殖は終えんする．夏季には日射量，水温はともに高いが栄養塩濃度が十分でないために，植物プランクトン現存量，生産量ともに低いままである．秋季には日射量の低下に遅れて表層水温が低下し始め，冷たく重くなった表層海水と，中深層の栄養塩濃度の高い海水とが鉛直混合し，表層に栄養塩がもたらされる．それに反応して植物プランクトンの現存量と生産量

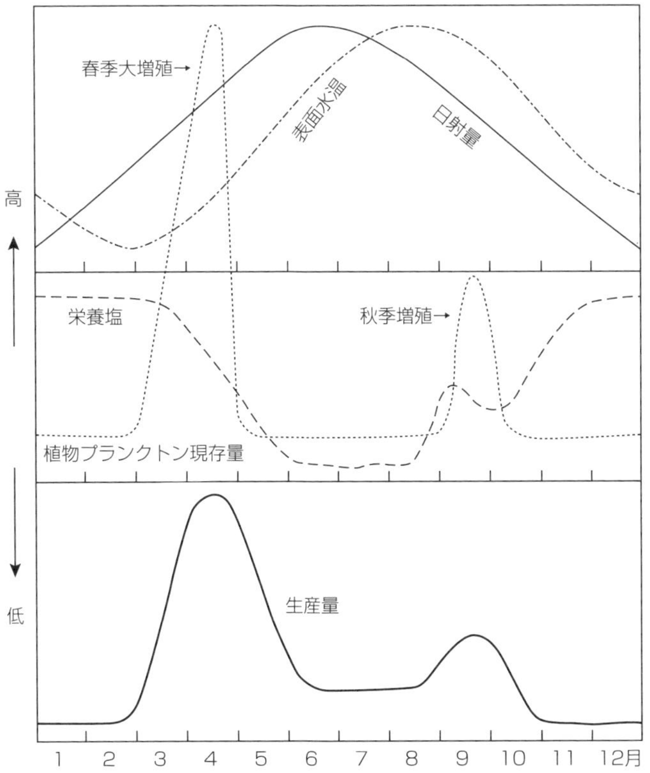

図4.9　中高緯度海域における環境要因の季節変化と植物プランクトンの現存量，生産量の季節変化（谷口（1973）を改変）

も増加する．これは，春季大増殖ほど大きくはないが，**秋季増殖（fall bloom）**と呼ばれる．この秋季増殖は低下しつつある日射量不足と水温の低下により終えんし，植物プランクトンの現存量と生産量も低下する．その際，栄養塩は消費されて減少するが，秋季増殖後には再び増加する．植物プランクトンの春季大増殖と秋季増殖を比べると，前者は栄養塩不足が，後者は日射量不足と低水温が終えんの要因となっている．

4.7　マーチンの鉄仮説

前述のように，一般に海洋における植物プランクトンの増殖は，光と窒素・リンなどの栄養塩の供給量によって制限されている．ところが，南極海，太平洋赤道域，北太平洋亜寒帯域などでは栄養塩濃度が比較的高いにもかかわらず植物プランクトンが大きく増殖しない海域があることが知られている．このように，栄養塩濃度が高いにもかかわらず，植物プランクトンの現存量（クロロフィル *a*（Chl *a*）として，5.2 参照）が低い海域を**HNLC（High Nutrient Low Chlorophyll）海域**と呼ぶ．HNLC 海域の一つである南氷洋では，その理由として日射量や水温が低いことが考えられた．しかし，成長に必要な日射量は確かに冬季には少ないが，夏季には熱帯に匹敵するほどあること，また，水温は低いけれどもその海域に生息する植物プランクトンの増殖速度はかなり速いことから，日射量や水温などの物理的条件が植物プランクトンの増殖を制御しているとは考えられなかった．

そこで，海洋中の鉄の分布を研究していた米国の海洋学者ジョン・マーチン（John H. Martin，1935～1993）は，「植物プランクトンの成長が鉄の不足のために抑制されている」という説を提唱した（**マーチンの鉄仮説**）．鉄は植物プランクトンの必須元素であり，光合成の電子伝達系，光合成色素の合成系，硝酸還元系などに深くかかわっている．特に植物プランクトンにとっては，窒素やリンに比べて要求量は少ないものの，鉄は必須微量元素の中でも最も要求量の多い重要な元素である．土壌中では鉄が豊富に存在しているため，陸上植物の場合は鉄がその生育にとって不足することはない．しかしながら，酸素を含む通常の海水中では熱力学的に安定な三価の鉄（Fe^{3+}）が難溶性の水酸化物を形成して沈殿除去されてしまう．そのため，陸上から河川を通じて海洋に供給される鉄の大半は河口域ですぐに除かれてしまい，空気中から海洋に飛来した土壌やほこりなどの微粒子からごくわずかに鉄が溶解する．大陸からの微粒子は，主にアジア，アフリカ，中東地域の大砂漠からもたらされる．しかし，氷に閉ざされた高緯度域では陸上から飛来してくる鉄の供給は望めない．特に外洋では，河川や陸棚堆積物などの供給源からも遠く離れている．とりわけ，南極海はそれを取り巻く同緯度付近に陸地がほとんどないことから，大気からの陸起源の微粒子の供給が最も少ない海域である．このように，一部の海域では，このほこり由来の鉄イオンと湧昇流が供給する鉄イオンでは植物プランクトンの増殖に必要な濃度を下回るため，ここでは窒素やリン，ケイ素ではなく鉄が植物プランクトンの増殖の制限要因となると考えられた．しかしながら，実際に海水中の鉄濃度を測定することは非常に困難で，1980 年代後半になってようやく海水中の鉄濃度が正確に測定できるようになった．鉄濃度の観測においては，植物プランクトンの生息する表層水で 0.1 nM（nM は 1×10^{-9}M）以下という低さに加え，あちこちから鉄が混入（汚染）する．そもそも船の鋼材として鉄が使われており，いたるところに鉄錆があり，また海水を採取する採水器を海水中に吊り下げるワイヤーの素材にも鉄が使用されていて，測定は非常に困難であった．マーチンらは多大な努力によりクリーン技術を培って，ついに正確な鉄濃度とその分布の測定に成功した．その結果，溶存鉄の濃度はその他の栄養塩の濃度よりは 4 から 5 桁も低く，その鉛直分布は他の栄養塩と同様で表層で低く，深層で増加することがわかった（図 4.10）．しかも，興味あることに海水中の鉄を硝酸塩に対してプロットすると，両者の間には直線関係があり（図 4.11），かつ x 切片をもっている．このことは，海水中では硝酸塩と鉄は植物プランクトンにより一定の割合で取り込まれて消費され，かつ，硝酸塩よりも鉄のほうが早くなくなることを意味している．このことから，マーチンはリンや窒素が豊富な海域でも，従来の栄養塩よりも鉄の不足が植物プランクトンの増殖を制限しているのではないかと考えた．

その仮説を確かめるため，マーチンらは，南極海やアラスカ湾で海水を採取し，鉄を加えた実験区と加えない実験区とで植物プランクトンの増殖の違いを比較する実験を行った（図 4.12）．その結果，鉄を加えた実験区では，その添加量が多いほど植物プランクトンの増殖量も多く，かつ，その際にはより多くの栄養塩が消費されていた[*4]．

陸上植物の生産量（収量）はその生物が必要とする無機養分の中で，供給量が最も少ない無機養分によって決まる．このことはリービッヒの最小律（Liebig's law of the minimum）あるいは，

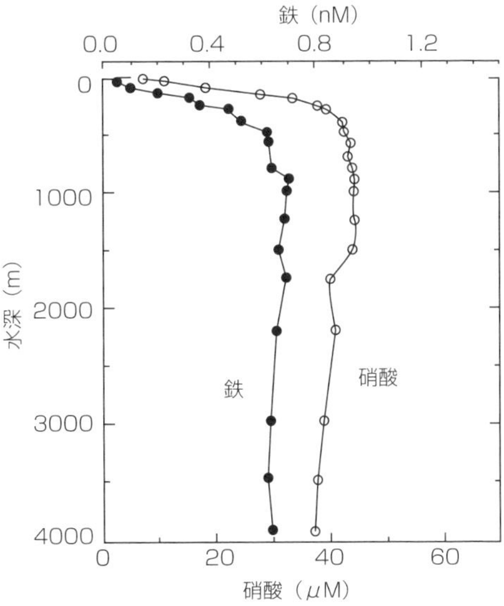

図 4.10 アラスカ湾における鉄と硝酸の鉛直分布
(Martin *et al.*, 1989)

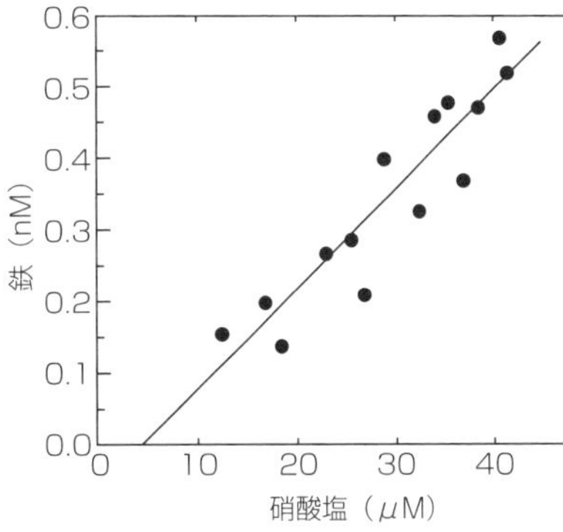

図 4.11 アラスカ湾における鉄と硝酸の関係
(Martin *et al.*, 1989)

*4 4.1 で栄養塩とは「海洋で植物プランクトンの成長に必要な物質のうち増殖の制限要因となる物質あるいは，不足しがちな成分（N, P および Si）の無機塩類を指して栄養塩と呼ぶ」と述べた．しかし，ここで明らかなように，鉄も植物プランクトンの増殖の制限になっている．その意味で，栄養塩類を微量金属類と特に区別して多量栄養塩（Macronutrients）と呼ぶことがある．

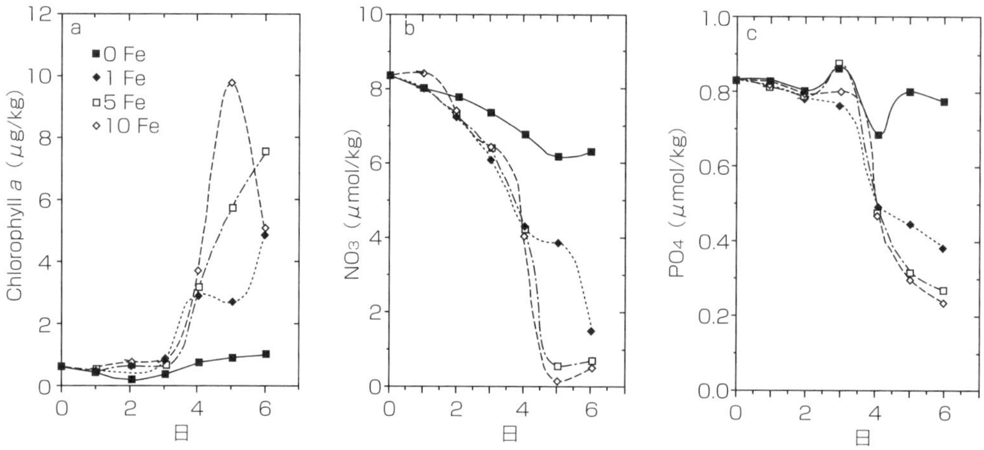

図 4.12　鉄添加実験における Chl *a* 濃度（a），硝酸塩（b），リン酸塩（c）濃度の経時変化（Martin and Fitzwater（1988）を改変）
鉄は 0（対照），1，5，10 nmol/kg の濃度になるように添加．

最小量の法則（law of minimum）として知られている．このように，海洋でも栄養塩や鉄が植物プランクトンの増殖の制限要因になっていることは，この法則に則ったものといえる．重要なことは，海水中の濃度よりも，植物プランクトンが要求する量や割合である．

なお，マーチンが上記の鉄添加実験の結果から，南極海の表層にある栄養塩を植物プランクトンがすべて消費するために必要な鉄の量を試算したところ，それは約 30 万 t であり，わずか大型タンカーの半分の量であった．マーチンの鉄仮説が正しければ，HNLC 海域に人為的に鉄を撒布すれば植物プランクトンの増殖が促進され，大気中の二酸化炭素を有機物として海水中に取り込ませることができるかもしれない．その後，この仮説をもとに世界の海で計 10 回以上の鉄撒布実験が実施され，実際に植物プランクトンの増殖が確認されている．しかしながら，鉄供給にともなう大気から海洋への二酸化炭素吸収促進効果はそれほど大きくない可能性が示唆されている．より大きなスケールで鉄撒布にともなう海洋生態系の応答を予測することが今後の研究課題である．

コラム⑤【栄養塩の測定】

栄養塩類の濃度の測定には，吸光光度法が広く用いられている．海水試料の栄養塩類測定では，対象物質にあらかじめ特定の試薬を添加して吸光性を示す化合物を形成させておき（≒発色させておき），その化合物の吸光度を検出する手法が採られている．

吸光光度法による栄養塩類の定量操作では，①試料水や試薬溶液を容量器具で分取する，②試料と試薬の反応を促進するため混合する，③反応が安定するまで一定時間放置する，④試料をセルと呼ばれる一定光路長の容器に入れる，⑤吸光光度計と呼ばれる機器で吸光度（光透過率）を測定する，等の手順を踏む．海水中の栄養塩類はごく微量であり，その濃度は通常 μM（＝ 10^{-3} mM ＝ 10^{-6} M）レベルでしかない．そのため，上記に準じる操作をすべて手作業で行い，正確な分析値を得るには熟練を要する．加えて，大量の試料を処理するには，分析に大変な手間と時間がかかる．

以上の経緯から，より正確かつ簡便，短時間に栄養塩類を測定することを目的として，多くの関連機関に導入されているのが連続流れ分析装置，通称オートアナライザーである．オートアナライザーは，上記①～⑤にかかわる手作業の大部分を自動で行う．Bに示す写真の右奥に位置する「サンプラー」から自動的に吸引された試料水は，その横のチューブ群から吸引される各種試薬と，写真中央の「マニホールド」を通過する過程で，混合される．この過程で化学反応によって吸光性を示す化合物が生成する．試薬を添加されたのち正確に一定時間を経た試料水は，写真手前の吸光光度計を通過する過程でセルへと導かれ，吸光度が測定される．

▲A

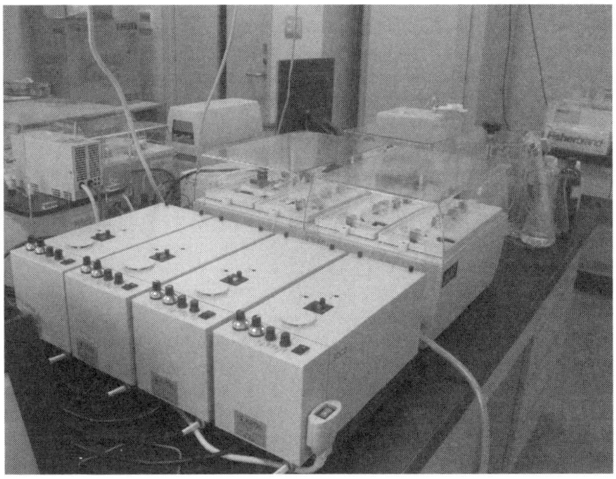

B▶

B：著者らの研究室で用いているオートアナライザー．写真奥，中央，手前がそれぞれオートサンプラー，マニホールド，吸光光度計にあたる．写真では確認できないが，オートサンプラーとマニホールドの間には，試料水や試薬溶液を正確に一定流量系内に流すために欠かせない秤量ポンプがある．マニホールドと吸光光度計は４台ずつ配置されている（４項目の同時測定が可能）．Aは，２台分のマニホールドを拡大したもので，空気の分節とともに海水試料が系内を流れていく様子が写されている．

第5章　植物プランクトンとその増殖生理

5.1　多様な植物プランクトン

海洋に生息する植物プランクトンは単細胞の微細な藻類である．海洋には非常に多様な植物プランクトンが生息しており，比較的よく観察されるものだけでもシアノバクテリア（Cyanobacteria），プリムネシオ藻（Prymnesiophyceae），クリプト藻（Cryptophyceae），黄金色藻（Chrysophyceae），珪藻（Bacillariophyceae），ラフィド藻（Raphidophyceae），プラシノ藻（Prasinophyceae），緑藻（Chlorophyceae），渦鞭毛藻（Dinophyceae）などが挙げられる．この中でも，沿岸海域で優占することが多く，細胞サイズも大きな種類が多いことから目に付きやすい植物プランクトンは，珪藻のほか，ラフィド藻や渦鞭毛藻といった鞭毛藻類である（図5.1，口絵3）．

ケイ酸質の被殻をもつ珪藻（diatom）は，海洋における一次生産量の25～60％までを担っていると推測され，沿岸海域でも頻繁に増殖（ブルーム）が観察される植物プランクトンである．さらにその形態から，円心目珪藻（centric diatom）と羽状目珪藻（pennate diatom）に分類される．円心目珪藻の細胞形は放射状あるいは同心円状で，細胞分裂にともない複数の細胞が連鎖（chain forming）して存在する種がたくさんある．出現頻度の高い種類としては，

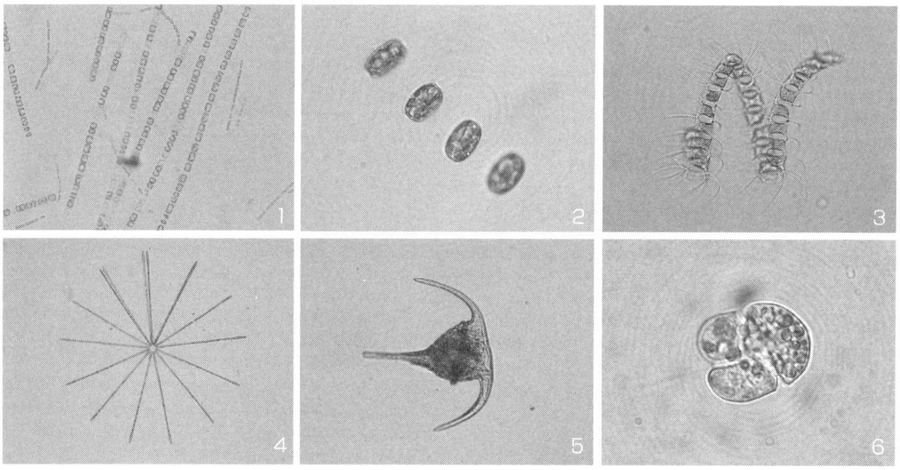

図5.1　様々な植物プランクトン
1：*Skeletonema* 属，2：*Thalassiosira* 属，3：*Chaetoceros* 属，4：*Thalassiotnrix* 属，
5：*Ceratium* 属，6：*Karenia* 属．

Skeletonema 属，*Thalassiosira* 属，*Chaetoceros* 属などが挙げられ，円心目珪藻はそのほとんどが浮遊性の珪藻である．羽状目珪藻の細胞形は，文字通り鳥の羽根あるいはペン状の左右対称型であり，浮遊性の性格が強い *Thalassiotnrix* 属や *Pseudo-nitzschia* 属の他，付着性の底生珪藻が含まれる．底生性の珪藻（図 8.5 参照）は，海底まで光が届く浅海域や干潟などの堆積物，海草類（図 8.6 参照）の表面などに付着して生息している．このような浅い海では，潮汐や波浪によって容易に鉛直攪拌され，表層堆積物の再懸濁が生じることから，底生珪藻が浮遊性珪藻と混在して観察されることも多い．

珪藻が運動性をもたないのに対し，鞭毛藻類は鞭毛によって遊泳することができ，日中は上層へ，夜間は下層へ移る日周鉛直移動を行う種が多く知られている（ただし，海水の流れに逆らって遊泳する能力はない）．鞭毛藻類の中には魚介類のへい死を引き起こす有害赤潮プランクトンの *Chattonella* 属，*Heterosigma* 属（ラフィド藻）や *Gymnodinium* 属，*Karenia* 属（渦鞭毛藻），二枚貝を毒化させる *Alexandrium* 属や *Dinophysis* 属（渦鞭毛藻）が含まれている．

植物プランクトンはその細胞径から，便宜上，3 段階のサイズに区分けされ，それぞれピコプランクトン（0.2～2 μm），ナノプランクトン（2～20 μm），マイクロプランクトン（20 μm <）と呼ばれている．

5.2　植物プランクトンの光合成色素

クロロフィル *a*（Chlorophyll *a*：以下，Chl *a*）はすべての陸上植物や藻類に見られる主要な光合成色素であり，海に生息する植物プランクトンも例外なく Chl *a* をもっている．4 つのピロールが環状に位置したテトラピロールに，長鎖アルコールがエステル結合した構造をなしており，マグネシウムがテトラピロール環の中心に配位している（図 5.2）．Chl *a* は波長 435 nm 前後の青色光と波長 680 nm 前後の赤色光を吸収し，光合成に利用される（図 5.3）．この他に，Chl *a* が吸収できない波長の光を吸収する補助色素も存在し，これらは植物プランクトンの種類によって含有する色素が異なる．プラシノ藻や緑藻はクロロフィル *b*（Chl *b*）を，珪藻や渦鞭毛藻はクロロフィル *c*（Chl *c*）をもち，これに加えて各種のカロテンやキサントフィル色素といった補助色素がある．

植物プランクトン細胞内の Chl *a* 含有量は，光強度などによっても変動するが，このことを差し引いても，海水中の Chl *a* 濃度は一次生産者の現存量を表す指標として，非常に便利な観測項目である．

図 5.2 に示した Chl *a* の化学構造の中央のマグネシウム（Mg）が取れて 2 原子の水素（H）で置換されたものが，フェオフィチン *a*（Pheophytin *a*）である．また，フェオフィチン *a* からフィトール（図 5.2 中の $OC_{20}H_{39}$）が取れたものが，フェオフォルバイド *a*（Pheophorbide *a*）である．Chl *a* に限らず，Chl *a* などの一連の化合物の分解産物であるフェオフィチンとフェオフォルバイドをあわせてフェオ色素（Pheopigments）と呼ぶ．

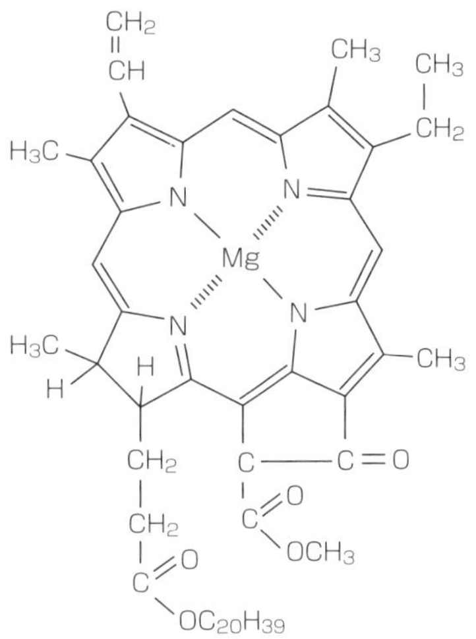

図 5.2　クロロフィル *a* の構造式

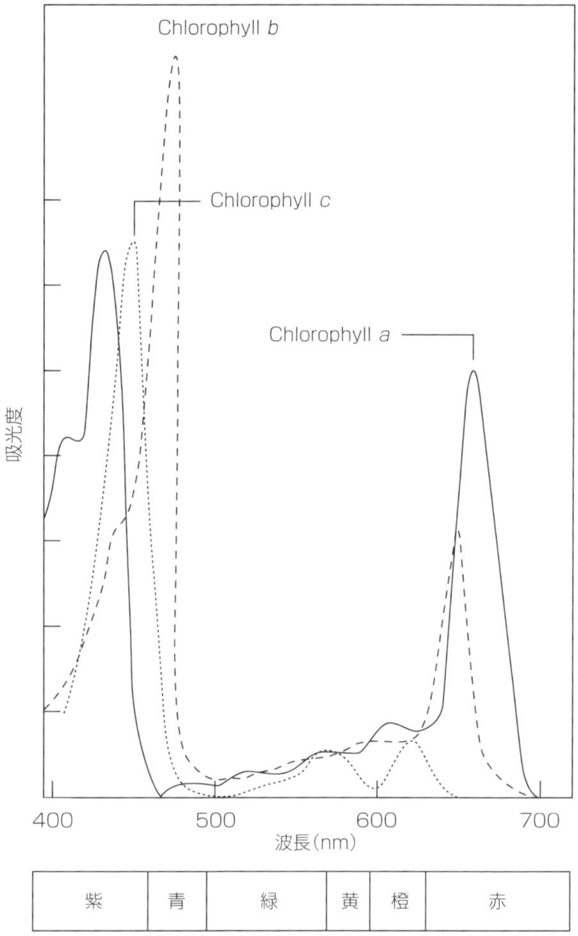

図 5.3　クロロフィル色素の光吸収波長

5.3　植物プランクトンの増殖曲線と増殖速度

植物プランクトンは単細胞生物であり，増殖に適した環境下で二分裂することによりその生物量を増加させる．植物プランクトンを海水中から分離し，栄養塩類を添加した培地中で培養すると，図 5.4 のような曲線が描ける．これを**増殖曲線**（growth curve）と呼ぶ．維持培養されていた植物プランクトンを新しい培地に植え継ぐと，通常は新たな環境に順応するための**誘導期**（lag phase）が観察される．この後，活発な分裂増殖を行う**対数増殖期**（log phase）に移行し，

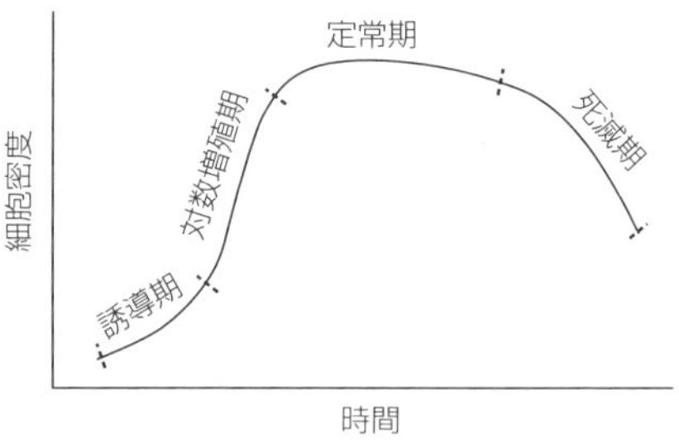

図 5.4　植物プランクトンの増殖曲線

大きく増加する．対数増殖期とは，培養時間に対して細胞密度の対数をプロットした際に直線性が得られる期間をいう．対数増殖期を経た後，光合成に必要な炭素源あるいは栄養塩類の枯渇，老廃物の蓄積などによって増殖が抑制され，細胞密度がそれ以上増加しない**定常期**（stationary phase）を迎える．これ以降，細胞密度は徐々に減少し，**死滅期**（death phase）にいたる．

単位時間当たりの**増殖速度**（growth rate）は，植物プランクトンの増殖活性の指標としてよく用いられる．一般に，植物プランクトンの増殖速度は，対数増殖期における細胞密度の増加速度から算出される．今，対数増殖期の時間 T_1 および T_2（$T_1 < T_2$：$t = T_2 - T_1$）における細胞密度を N_1 および N_2 とすると，この間における植物プランクトンの増殖速度は，

$$\mu = \frac{1}{t} \ln \frac{N_2}{N_1} \tag{5.1}$$

あるいは，

$$\mu_2 = \frac{1}{t} \log_2 \frac{N_2}{N_1} \tag{5.2}$$

から算出される．両式はどちらも単位時間当たりの増殖速度を表すが，自然対数を用いる式(5.1)から算出される増殖速度を**比増殖速度**（μ：単位は/日，時間など），式（5.2）から得られる増殖速度を**分裂速度**（μ_2：単位は分裂/日，時間など）と呼んでいる．なお分裂速度の1分裂/日は比増殖速度で0.694/日であり，比増殖速度に1.44を乗ずることで分裂速度に換算することができる．植物プランクトンの増殖速度は環境条件や種によって異なり，増殖速度が大きい珪藻類は最大で1日に数回の分裂増殖を行い，比較的増殖速度が遅い鞭毛藻類などは1日に1分裂以下の速度で増殖するものが多い．

植物プランクトンの培養方法および培養実験の詳細については，コラム⑥，付録を参照されたい．

5.4 植物プランクトンの増殖に及ぼす環境因子

植物プランクトンの増殖速度（光合成速度，あるいは一次生産速度と置きかえてもよい）は様々な環境因子によって支配されている．現場海域における植物プランクトン現存量の増加速度は，動物プランクトンによる捕食なども考慮に入れる必要があるが，本章では植物プランクトンの増殖生理にかかわる物理化学的な環境因子として最も重要な，水温，光強度，栄養塩濃度について植物プランクトンの応答を見てみよう．

5.4.1　水温

植物プランクトンの増殖に影響を及ぼす環境因子として，まず挙げられるのが水温である．低温側では生息域によって－2℃の水温下でも増殖が認められる種も存在するが，40℃以上の水温下で生育できる植物プランクトンは海域ではほぼ存在しない．わが国の沿岸域では－数℃～30℃前後の水温帯が観察されるが，次項で取り上げる光強度とは異なって，その変動幅は，日変動としても水柱の鉛直的な水温差としても，せいぜい数℃程度と小さい．つまり，季節的なあるいは長期的な影響として考慮されることがほとんどである．したがって，短期間における植物プランクトンの消長，あるいは種交代（種の遷移）が水温に左右されることはほとんどないと考えてよい．

水温に対する植物プランクトンの増殖応答を図示すると，図5.5のようになる（低水温帯から高水温帯に生息する4種の植物プランクトン（Phy 1～4）についてその概念図を示した）．植物プランクトンの増殖速度は水温の上昇とともにその速度も大きくなり，最適水温を頂点として，それ以上の水温では速やかに低下する．

一般的に，高緯度海域（低水温帯）に生息する植物プランクトン種は，比較的低水温域に増殖の最適水温をもっており，低緯度海域（高水温帯）に生息する種は高水温域で最大増殖速度を示す．一方で，現場海域における植物プランクトンのブルームは，その種が示す最適水温下で形成されることはむしろ少なく，それよりも低い水温域で観察されることが多い．また，どの植物プランクトンも比較的幅広い水温帯で増殖する能力がある．以上の事実は，現場海域におけるブルームの形成には，水温よりも光や栄養塩濃度，あるいは消費者による捕食圧といった環境因子のほうがより強く影響していることを示唆している．

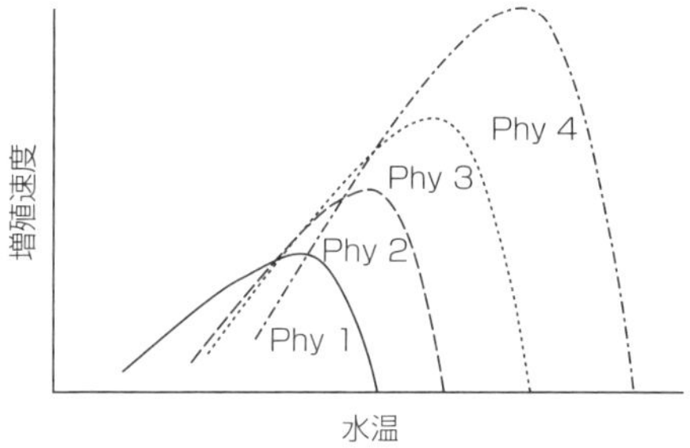

図5.5　水温に対する植物プランクトン各種（Phy 1～4）の増殖応答（Eppley（1972）を改変）

5.4.2　光

光は植物プランクトンが繁茂するために最も重要な環境因子の一つであり，海域における植物プランクトンの増減に大きく影響している．光の強弱はもちろん，生息場の日長時間に依存する明暗周期も植物プランクトンの増殖に影響する．一般的に，光の強さに対する光合成の反応は，以下に示す**光－光合成曲線**（**PI 曲線：PI curve**）として表される（図5.6）．

光合成速度（mgC/mgChl *a*/時間など）は光強度の増加にともない直線的に上昇するが，一定の光強度（飽和光）に達するとそれ以上は上昇しなくなり，一定値の最大光合成速度（P^B_{max}）を示す．今，PI 曲線の初期勾配を延長し，P^B_{max} 値と交わる点の光強度を I_k とすると，I_k 値は光合成速度の飽和が始まる光強度の指標としてとらえることができる．なお，このPI 曲線の図

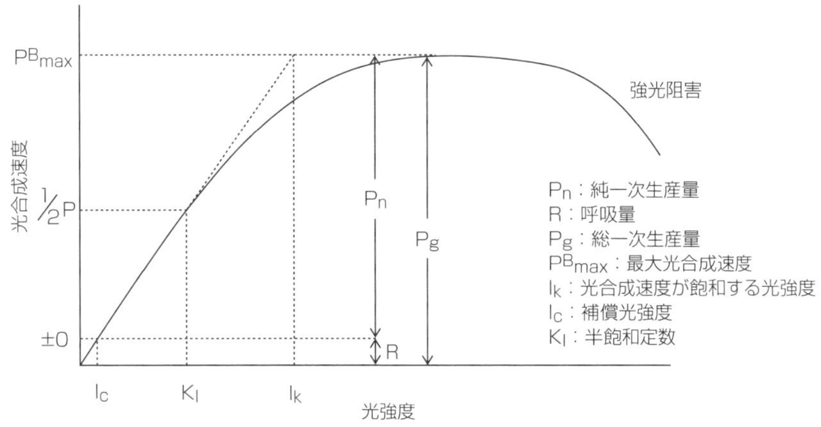

図 5.6　光－光合成曲線

には**総一次生産量**（P_g：gross primary production）と**純一次生産量**（P_n：net primary production），**呼吸量**（R：respiration）の関係も示されており，以下のように書き表すことができる．

総一次生産量＝純一次生産量＋呼吸量

すなわち一次生産量＝呼吸量となるのが**補償点**（compensation point）（4.5 参照）であり，このような生産量を与える光強度を補償光強度 I_c と呼ぶ．また，この PI 曲線は近似的に以下のように示されることがある．

$$P_g = P^B{}_{max} \cdot \frac{I}{K_I + I} \tag{5.3}$$

あるいは，

$$P_n = P^B{}_{max} \cdot \frac{I - I_c}{K_I + (I - I_c)} \tag{5.4}$$

ここで，P_g および P_n はそれぞれ光強度が I の時の総一次生産速度および純一次生産速度であり，半飽和定数 K_I は最大光合成速度 $P^B{}_{max}$ の 1/2 値が得られる光強度である．また式（5.3），（5.4）では表現されないが，さらに光強度が上昇すると光合成速度の低下が認められるようになり，一般に**強光阻害**（photoinhibition）と呼ばれる（図 5.6）．

図 5.7 には光強度に対して異なる応答をもった 2 種の植物プランクトンについて，その増殖速度の変化を示している（縦軸には光合成速度の代わりに増殖速度を用いた）．植物プランクトン 1（Phy 1）は植物プランクトン 2（Phy 2）と比べて弱光環境でも増殖速度が大きいため，このような環境下では Phy 2 よりも速く増殖することができる．一方，光が豊富に存在する環境

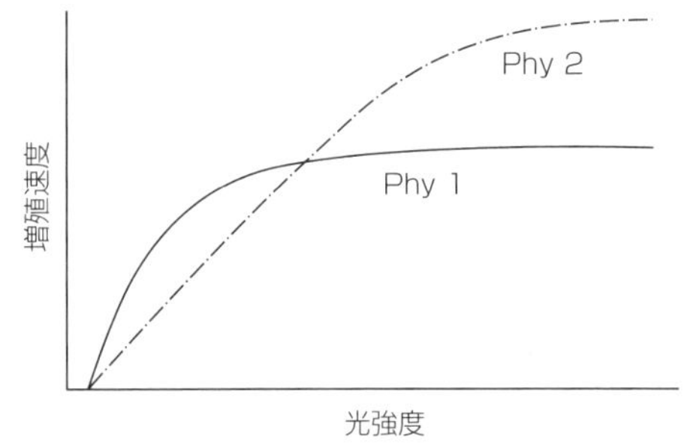

図 5.7　光強度に対する植物プランクトン 2 種の増殖応答

下では Phy 2 の増殖速度のほうが大きいため，Phy 1 よりも速やかに生物量を増加させることができる．

5.4.3　栄養塩濃度

第 4 章で詳細に解説したように，海水中の栄養塩類（窒素，リン，ケイ素）は一次生産者が繁茂するうえで最も不足しやすい物質であり，植物プランクトンの増殖に対する主要な制限要因となっている．一般的に湖沼ではリンが増殖の制限要因になる場合が多く，海域では窒素制限となることが多い．海水中の無機態窒素・リン酸塩濃度と植物プランクトンの取り込み速度の関係は，酵素反応速度論で一般に用いられる Michaelis-Menten 式によって説明できる．ここで栄養塩の取り込み速度を増殖速度に置きかえて表すと，以下のようになる．

$$\mu = \mu_{max} \cdot \frac{S}{K_s + S} \tag{5.5}$$

ここで，μはある種の栄養塩濃度が S（μM など）の時の増殖速度（5.3 参照）であり，**半飽和定数 K_s** は最大増殖速度μ_{max}の 1/2 値が得られる栄養塩濃度である（図 5.8）．

K_s 値は栄養塩濃度に対する植物プランクトンの取り込み能力を表す良い指標として用いられる．植物プランクトンの種類によってその値は異なるが，無機態窒素については概ね 0.3～10 μM，リン酸塩で 0.1～3 μM の範囲にある．一般的に小型種になるほど小さな K_s 値を示し，栄養塩濃度が低い外洋などの貧栄養海域に適応している．逆に大型種の K_s 値は大きく，栄養塩類が豊富な沿岸域には比較的大きな K_s 値を示す植物プランクトン種が多い．

図 5.9 には，栄養塩濃度に対して異なる取り込み能力をもった 2 種の植物プランクトンについて，その増殖速度の変化を示している．低栄養塩濃度の環境下では植物プランクトン 1（Phy 1）

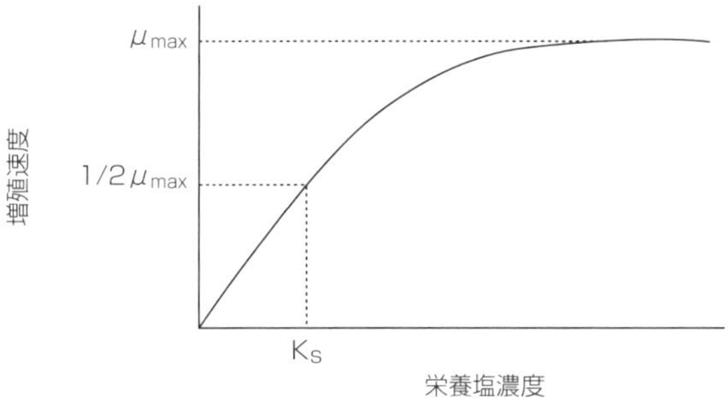

図 5.8　栄養塩濃度と増殖速度との関係

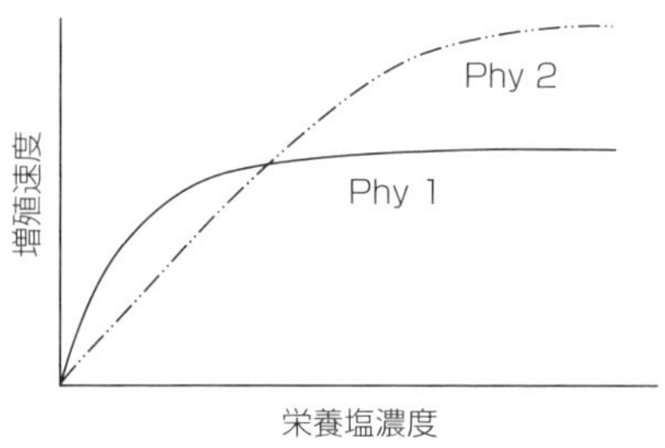

図 5.9　栄養塩濃度に対する植物プランクトン 2 種の増殖応答

の増殖速度のほうがより大きく，このような環境下では，植物プランクトン 2（Phy 2）よりも速やかに生物量を増加させることができる．一方，栄養塩濃度が高い環境下では Phy 2 の増殖速度が Phy 1 のそれを上回り，Phy 2 のほうが増殖に有利となる．したがって，低い K_s 値をもつ Phy 1 は貧栄養海域に適応した植物プランクトン種，逆に高い K_s 値をもつ Phy 2 は富栄養海域に適応した種と見ることができるし，両者が同じ海域に生息する植物プランクトン種であれば，栄養塩濃度が低い季節には Phy 1 が優占しやすく，多量の栄養塩類が供給される季節には Phy 2 が優占しやすいと考えることもできる．

5.4.4　現場の一次生産速度を支配する環境因子

図 5.10 は水温，光強度，栄養塩濃度の変化に応答する一次生産速度の相対値を示したものである．水温については，その変化に対する応答が最も緩やかで，とりわけ低水温側ではその応答が非常に鈍い．5.4.1 で述べたように，海域では短期間における水温の変動はきわめて小さく，一部を除いて水温が 30℃を超えることは稀であることから，水温は植物プランクトン群集の一次生産速度を支配するこれらの環境因子の中で，相対的に最も影響力が小さいものである．一方で，光強度は一次生産速度に大きく影響する環境因子であることがわかる．とりわけ弱光環境下ではその影響が顕著で，日々の天候や，光量が少ない水深層，高緯度に位置する海域なども光強度がその生産量を大きく左右していると考えることができる．しかし，一次生産速度に対して最も影響力が大きいのは栄養塩濃度である．植物プランクトン群集は栄養塩濃度の増減に対してきわめて迅速に応答することがこの図から読み取ることができ，とりわけ栄養物質が少ない海域では，栄養塩類の供給量によってその一次生産速度が大きく左右されることがわかる．

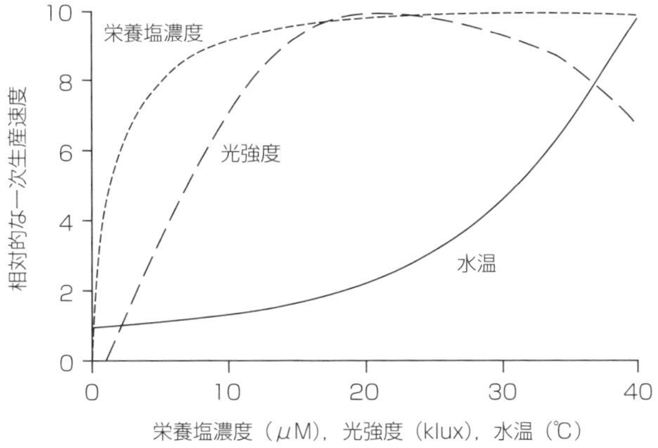

図 5.10　水温，光強度，栄養塩濃度に対する植物プランクトン群集の一次生産速度（谷口（1981）を改変）

コラム⑥【植物プランクトンの分離と培養】

植物プランクトン各々の種についてその増殖特性を調べるには，目的の種のみが生育する培養株を作成し，物理化学環境を明確に制御した条件下で実験を行う必要がある．そのためにはまず現場の海水中から目的の植物プランクトン種を分離しなければならない．海水からの分離には，ガラス管を細く引き伸ばしたマイクロピペットを用いる方法が一般的である．種々の植物プランクトンが混在する海水サンプルから，顕微鏡下で目的の種を1細胞だけ拾い上げるという操作である．分離した細胞が，培養液中で無事に増殖してくれればクローン培養株の作成に成功したことになる．ただし，海洋に生息する植物プランクトンすべてが培養できるわけではなく，どうしても培養株が得られない種も存在する．

海産植物プランクトンの培養には，研究者によって様々な培養液（培地）が使用されているが，天然海水をベースに，窒素，リン，ケイ素の主要栄養塩類と鉄をはじめとした微量金属類，ビタミン類を添加した海水培地がそのほとんどである．よく使用される培養液にはf/2（Guillard and Ryther，1962），ESM（Okaichi *et al.*，1983），SWM-Ⅲ（伊藤・今井，1987）などがあり，栄養物質の組成や添加量も類似している．したがって，一般的な植物プランクトンの培養であれば，これらの培養液で十分に対応可能である．ただし，培養株を使って栄養塩類の濃度に対する増殖応答などを検証する場合は，わずかではあっても多種の栄養塩類を含んでいる天然海水を用いることは避けるべきで，一般的には，どのような物質がどれだけ含まれているのか，明確にわかっている人工海水培地（例えば，Berges *et al.*，2001）を使用する．

参考文献

Berges J. A., Franklin D. J. and Harrison P. J. (2001)：Evolution of an artificial seawater medium: Improvements in enriched seawater, artificial water over the last two decades. J. Phycol., 37, 1138-1145.

Guillard R. R. L. and Ryther J. H. (1962)：Studies of marine planktonic diatoms. I. *Cyclotella nana* Hustedt, and *Detonula confervacea* (Cleve) Gran. Can. J. Microbiol., 8, 229-239.

伊藤克彦・今井一郎（1987）：ラフィド藻．「赤潮生物研究指針」日本水産資源保護協会（編），秀和，pp. 122-130.

Okaichi T., Nishio S. and Imatomi Y. (1983)：Mass culture of marine phytoflagellates, and approach to new sources of biological active compounds. In Miyamoto J. and Kearney P. C. eds., IUPAC Pesticide Chemistry, Vol. 2, Pergamon Press, pp. 141-144.

コラム⑦【一次生産速度の測定】

大型海藻・草を除く一次生産速度は一般に，試料海水を容器内で培養する間に，微細藻類が摂取もしくは生産した物質量を測ることで求められる．具体的には，放射性同位体の ^{14}C や安定同位体の ^{13}C で標識した溶存無機態炭素を少量加えて，炭素摂取のトレーサーとする炭素法と，生産された酸素に着目する酸素法等が挙げられる．炭素法では，概ね 12 時間以上の培養により純一次生産速度，短時間培養では総一次生産速度に近い値が求まるとされている（短時間培養の結果の解釈については，議論が続いている）．酸素法では，明および暗条件で容器培養を行い，培養後の酸素濃度の違いを明らかにすることで総一次生産速度が求まる．また，明条件における培養前後の容器内酸素濃度の差に基づき，純一次生産速度を求めることもある．ただし酸素法による純一次生産速度とは，正確には「微細藻類の酸素生成速度から，（バクテリアや動物等を含む）生物群の呼吸速度を減じたもの」に相当する．

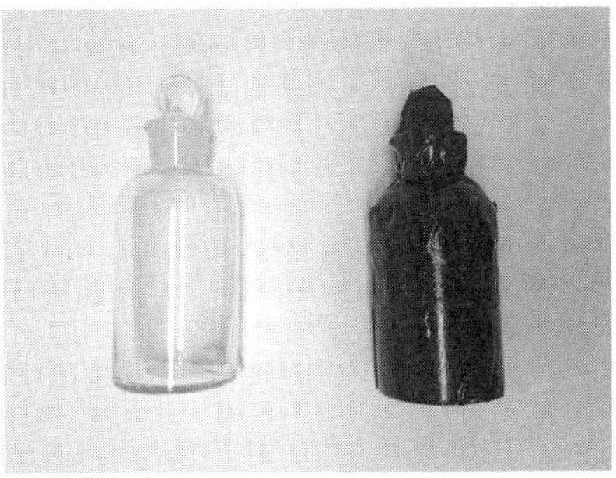

酸素法で用いられる酸素ビン
（左：明ビン，右：暗ビン）

第6章　海水中の有機物質と物質循環

6.1　海水中の粒状物と溶存物

海水中に溶存している物質は海水1kg中に約35gあるが，粒子状の物質は，わずか数mgであり，しかも海域や深さによって大きく変動する．海水中に浮遊する粒子状物質は，目視観測によって大きさを判別し得るものから，数マイクロメートル以下のものまであり，その形状も様々である（図6.1）．しかしながら，どの大きさのものまでを粒子とみなすかについては，はっきりとした科学的な定義はない．海洋学では，孔径0.45μmのろ紙（ポリカーボネイトの薄膜（メンブランフィルター））を通過するものを溶存物，ろ紙上に残ったものを粒状物とするのが通例である．実際には孔径0.45μmという数値は厳密ではなく，孔径が0.5μm程度のろ紙でろ過した際に，ろ紙上に残ったものと通過するものを，それぞれ粒状物と溶存物と呼ぶことが多い．いずれにしても，粒状物と溶存物とは操作上定義されているものであり，0.45μmよりも小さなコロイド粒子や海洋細菌（バクテリア）は溶存物に含まれることになる．

海水をろ過する際になぜ，孔径0.45μmのフィルターを用いるのか？　その理由についてみてみよう．海洋中に存在する粒子の沈降速度は，その大きさで異なる．細かい粒子の場合，その沈降速度は流体中の粒子の沈降速度に関する**ストークス（Stokes）の法則**にしたがって，次式で表される．

$$v_s = \frac{D_p^2(\rho_p - \rho_f)g}{18\eta} \tag{6.1}$$

ただし，v_sは沈降速度（cm/秒），D_pは粒子の直径（cm），ρ_pは粒子の密度（g/cm^3），ρ_fは流体の密度（g/cm^3），gは重力加速度（980 cm/秒^2），ηは流体の粘度（ポアーズ＝g/秒/cm）である．この式は，直径200μmまでの粒子にあてはまるとされている．今ここで，粒状物として石英の球[*1]を想定し，その沈降速度をストークスの式で求めた値を整理すると表6.1に示す通りである．

一方，海洋全体の海水の上昇速度は5m/年（1.4×10^{-2} m/日）である．すなわち，第3章に述べたように，グリーンランド沖と，南極のウエッデル海で海水が沈み込むので，それとつり合うだけの上昇があると考えられている．直径が0.45μm以上の粒子であればこの海水の上昇

---

*1　海洋中の粒子として，岩石の細片，植物プランクトンの中で主要なグループである珪藻類，あるいは放散虫（石英質の殻をもつ）などの破片を想定して，ここでは石英の球を考える．

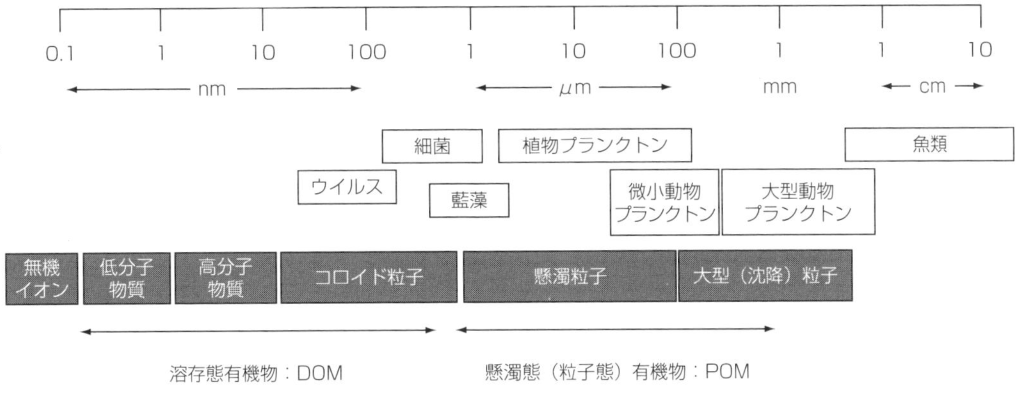

図 6.1　海水中に存在する主な生物・非生物物質とそのサイズ（小川（2000）を改変）

速度に打ち勝って沈降することになる（表6.1）．したがって，孔径0.45μmのフィルターを用いる海水のろ過操作は，海水中の粒子を沈降する物質とそうでない物質を分けるという実験的意味をもっている．

表 6.1　石英の球の沈降速度

直径（μm）	沈降速度（m/日）
1000	1.44×10^{6}
125	1.04×10^{3}
31.2	7.5×10^{1}
3.9	1.2
0.98	7.4×10^{-2}
0.45	1.8×10^{-2}
0.12	1×10^{-3}

堀部（1977）を改変

海水中では，この少量の粒状物質が，音波を吸収および散乱したり，海水の色や濁りの原因物質となっている．粒状物を測定するには，海水を細かい管のセルに導いて粒子の電気抵抗に置きかえる方法，光散乱を利用する方法などの粒子を分離しない方法や，ろ過や遠心分離によって分離する方法がある．前述のように孔径0.45μmのろ紙等を用いてろ紙上に集めた粒状物を**浮遊懸濁物**（suspended substance あるいは suspended solid）と呼ぶ．ただし，浮遊懸濁物とは，上記のように計算上は沈降する物質とされるが，実際にはある時間スケール内では海水中に懸濁し見かけ上，沈降しないものを指している．

6.2　海洋の有機物の形態と現存量

海洋中には様々な有機物が存在するが，天然物が圧倒的に多く，沿岸部を除けば人工有機物はごくわずかである．海洋中の有機物の起源はそのほとんどが植物プランクトンである．海水中に存在する有機物は前述のように粒状物と溶存物に大別でき，6.1の記述にしたがって，海水をろ過した際にろ紙上に残るものを**懸濁態有機物**（POM：Particulate Organic Matter），また海水とともにろ紙を通過するものを**溶存態有機物**（DOM：Dissolved Organic Matter）と呼ぶ．また，それらの存在量は通常その主要骨格元素である炭素量によって表されることが多く，有機物中の構成炭素量だけを示す場合はそれぞれ，**懸濁態有機炭素**（POC：Particulate Organic Carbon）および**溶存態有機炭素**（DOC：Dissolved Organic Carbon）と呼ぶ．ただし，有機物を取り扱う場合，分画後の元素分析等の必要から，使用できるフィルターは非有機材質のものに限定され，実用性の点から通常は粒子の保持効率が最も高いとされているガラス繊維ろ紙が用いられる．中でもWhatman社のGF/Fフィルター（平均孔径0.7 μm）が広く利用されている．なお，通常，particulate organic matterは「懸濁態有機物」と訳されるが，本来particulateという語には「懸濁」という意味はなく，厳密には粒状有機物と訳すべきである．すなわち，particulate organic matterの中には，「懸濁態有機物」と，6.3に述べる「沈降有機物」，第9章に述べる「堆積有機物」の三種類が存在する．しかし，実際には，particulate organic matterが懸濁態有機物として取り扱われることが多い．

6.2.1　溶存態有機物

海水中の全溶存態有機物量（炭素量）（DOC）は600～700 Gt（Gt：ギガトン＝10^{15} g＝10億t）と見積もられており，これは大気中のCO_2あるいは陸域の植生の現存量に匹敵する量である．しかし，広大な海洋ではその濃度はかなり希薄であり，0.5～2 mgC/L程度である．その中でも同定されている成分はさらにごくわずかであり，その分析には常に分析感度と汚染の問題がつきまとう．そのため，過去には生物の生体以外にはあまり関心がもたれなかった．しかし，分析技術の進歩にともなって海洋の個々の有機物の分布，あるいはその循環過程についても次第に明らかになってきた．DOC濃度の外洋域における鉛直分布は，通常，表層では高く，深層に向かって次第に減少し，その後，表層の約1/2の濃度でほぼ一定の値を示す（図6.2）．生物活動が活発で陸域からも有機物が流入する河口・内湾域などではDOC濃度は外洋域よりも1桁以上高く，時空間的に数百μM近く変動することもある．外洋域の深層で一定の濃度を示すDOCは安定な難分解性溶存態有機物（Refractory-DOM：R-DOM）であると考えられている．一方，表層にのみ豊富に存在しているDOMは準易分解性溶存態有機物（Semi-labile-DOM：S-DOM）と呼ばれている．さらに，分解と生産が活発で回転速度が速いため目に見える分布としてはとらえることのできない画分，すなわち，易分解性溶存態有機物（Labile-DOM：L-DOM）が存在すると考えられている．一般的な分類概念によると準易分解性溶存態有機物の回転時間は数カ月～1年とされている．一方，太平洋の深層水中の難分解性のDOCの平均寿命は^{14}C年代測定の結果6000年にも及ぶとされている．

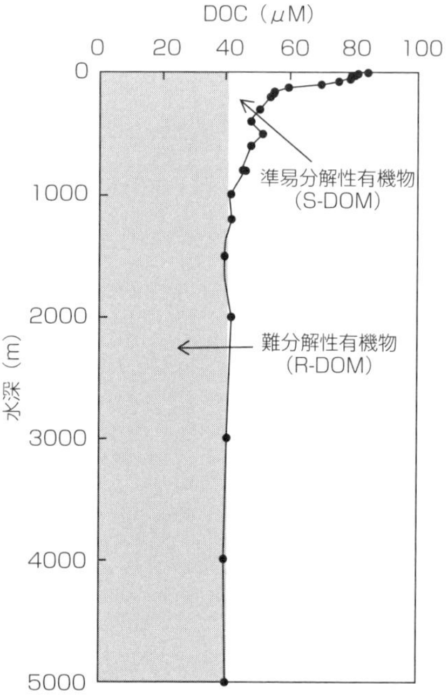

図6.2　北太平洋亜寒帯海域における溶存態有機炭素（DOC）濃度の鉛直分布（小川（2000）を改変）
図中のDOCのうち無色の部分がS-DOM，灰色の部分がR-DOM．

溶存態有機物（DOM）を構成するものは，生物の細胞外代謝物（排泄物），生物の死体およびこれらがさらに分解や生化学的変化を受けたものと考えられている．これらの溶存態有機物の中で確認されているものとしては，糖質（グルコースなど），アミノ酸およびペプチド，脂質ならびに脂肪酸，有機酸（グリコール酸，リンゴ酸，クエン酸など），炭化水素，有機塩基（アデニン，ウラシルなど），尿素，フェノールカルボン酸，ビタミンB類などがある．しかしながら，炭水化物，タンパク質・アミノ酸，脂質，有機酸などの主要な生体有機化合物量を足し合わせてもDOMのたかだか20％程度にしかならず，DOMの大部分を占めるものは未知物質である．一方，窒素について溶存態有機物と無機栄養塩濃度の鉛直分布を比べたものを図6.3に示した．溶存態有機窒素（DON）濃度はDOC同様に表層でやや高い値を示すが，その変動幅は溶存態無機窒素の大部分を占める栄養塩のNO_3のそれに比べて小さい．

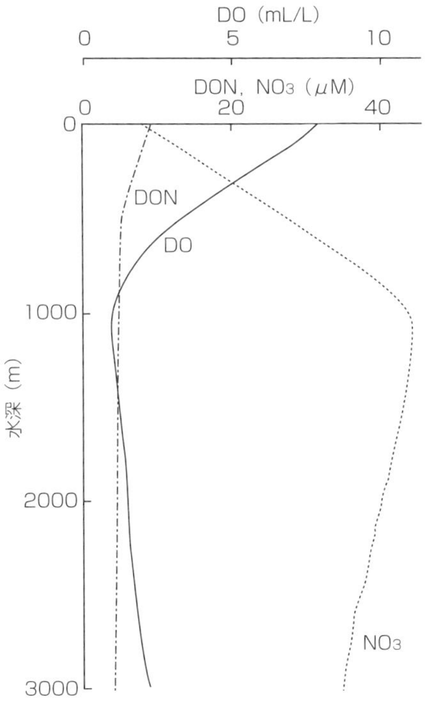

図6.3　北太平洋における溶存有機窒素（DON），硝酸態窒素（NO_3）および溶存酸素（DO）濃度の鉛直分布（米田（1987）を改変）

6.2.2　懸濁態有機物

懸濁態有機物（POM）濃度の外洋域における鉛直分布について見てみると（図6.4），前述の溶存態有機物に比べてその濃度はずっと低く，表層水の上部で高い値を示した後，それ以深では深さとともに減少し，表層水の下部では低い値となるが，それ以深では深層までその濃度はほとんど変わらない．一方で，沿岸・内湾，湧昇域における表層水のPOM濃度は外洋域よりも高く，時空間的にも大きく変動する．このような変動の第一の原因は表層水における植物プランクトンの増殖の有無によると考えられ，事実，植物プランクトン量の指標となるクロロフィル*a*（Chl *a*）濃度の時空間分布とPOMのそれとは比較的よく一致する．

懸濁態有機物を構成するものは，その約9割は**デトライタス**あるいは**デトリタス**（detritus）と呼ばれる生命のない粒子状有機物質であり，残り1割が生体である．後者はプランクトン，バクテリア，菌類，酵母などからなり，量的にはプランクトンおよびバクテリアが多い．一方，デトライタスを構成するものは，生物遺骸，糞塊，陸起源物の破片などである．また，溶存態有機物が凝集したり無機・有機の粒子上に吸着したり，バクテリアが集合したりしてできたアグリゲートもこれに含まれる．デトライタスの化学組成は深さによってかなり異なり，有光層中の懸濁態有機成分は糖質やタンパク質などであり，これらはろ過食生物やバクテリアによる生物酸化分解を受けやすい．

有機物の組成を示す一つの指標に**C/N比**（C/N ratio）がある．外洋域表層の懸濁物のC/N比は植物プランクトン細胞のC/N比（モル比，C：N＝106：16，C/N＝6.6，4.3参照）に近い値を示す．その後，沈降してゆく間に分解を受け，C/N比は深さとともに高くなる（図6.4）．

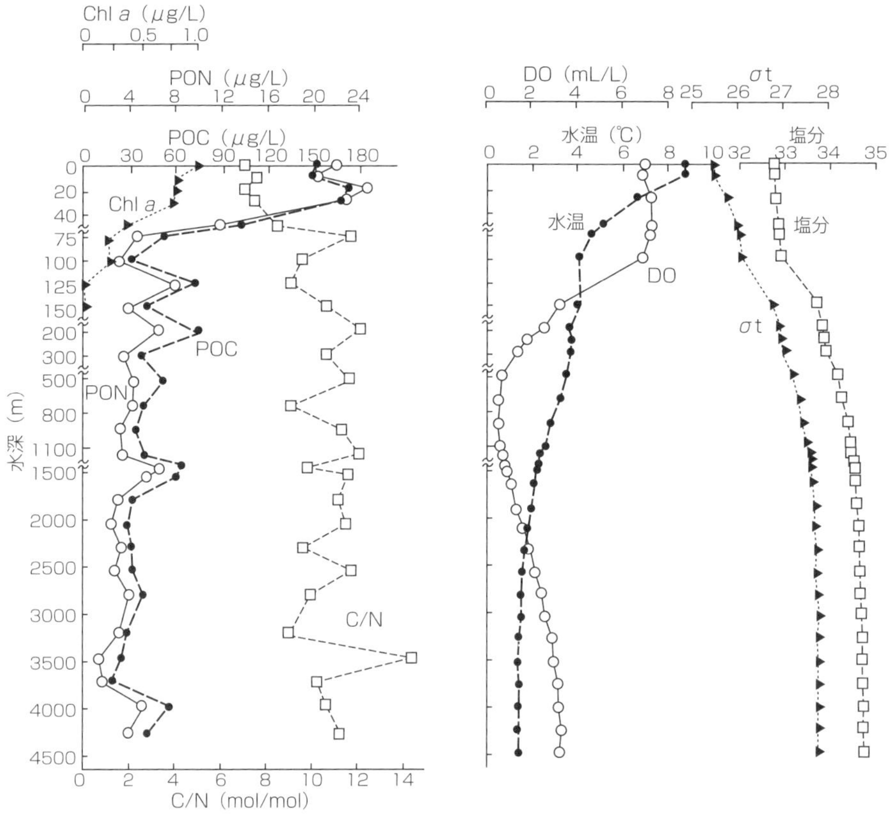

図 6.4　北部北太平洋における POC, PON, Chl *a*, および C/N 比（モル比）の鉛直分布（半田（1989）を改変）
図中には POC, PON をそれぞれ μg/L で表示したが，それぞれの数値を POC は 12，PON は 14 で割ると μM になる．同時に右図に DO，水温，σ t，塩分の鉛直分布も示している．

このことは，懸濁態有機物中のタンパク質やアミノ酸などの含窒素化合物のほうが炭水化物や脂質などよりも速やかに分解されるためと考えられる．

また，もうひとつの有機物の組織の指標に C/Chl *a* 比（C/Chl *a* ratio）がある．活発に植物プランクトンが増殖している場合には，C/Chl *a* 比（重量比）は 30 程度を示す．また，その水塊の加齢にともない，植物プランクトン自身が栄養塩類の枯渇により減少し，デトライタスが増加すると，その C/Chl *a* 比が変化し 30 よりも大きな値となっていく．現場海域では，C/Chl *a* 比は植物プランクトンの種組成や生理状態によっても大きく変動する．湧昇域のような栄養塩が豊富で植物プランクトンの増殖が活発な海域では 20～30，栄養塩欠乏の場合には 60 前後から，それ以上とされている．

表 6.2　表層水中における有機物の形態組成

形　態	量的比率
溶存態	100
懸濁態（デトライタス）	10
植物プランクトン	2
動物プランクトン	0.2
魚	0.002
従属栄養細菌	0.2

關（1969）を改変

6.2.3　表層水中における有機物の形態組成

表層水中における有機物の形態組成に注目すると（表 6.2），莫大な非生物有機物量の蓄積があり，そのほとんどが溶存態有機物として存在している．さらに，溶存態有機物の1/10量である懸濁態有機物もそのほとんどがデトライタスであり，生体量はごくわずかにすぎない．

6.3　海水中の沈降粒子の有機物とその役割

前述のように海水をメンブランフィルターでろ過することにより，ろ紙上に捕集される懸濁粒子に対して，水柱内をかなりのスピードで下方に移動する粒子を**沈降粒子**（sinking particle）と呼ぶ．これは，口の開いた容器を海水中に一定時間設置して集められる粒子であり，それを捕集する装置を**セジメントトラップ**（sediment trap）という．セジメントトラップの材質，形状，設置回収の方法は，その目的や場所に応じ創意工夫されたものが用いられている（図6.5）．セジメントトラップ実験で測定される単位面積，単位時間当たりに通過する粒子の量を**沈降粒子束**（flux，単位は例えば g/m^2/日）と呼ぶ．沈降粒子は，一般にはマリンスノーと呼ばれる数mmの不定形の凝集物が大きな割合を占め，これらは20～40 m/日程度の速度で沈降しており，採水器によって各深度から海水を採水してろ過すればろ紙上に捕集されるはずであるが，その寄与率はかなり小さいとされている．すなわち，沈降粒子とは，採水器では捕捉できないような速いスピードで沈降する粒子，あるいは確率的に採水器では捕集されにくい粒子である．これらは主に，プランクトンなどの死骸で，生物が排泄したものや，比較的形のはっきりしたものから，有機物が分解して，ほとんどもとの姿がわからないもの，大陸から運ばれた小さな粒子状鉱物など様々な粒子である，生物起源のものとしては珪藻や放散虫などに由来するケイ酸塩殻，円石藻や

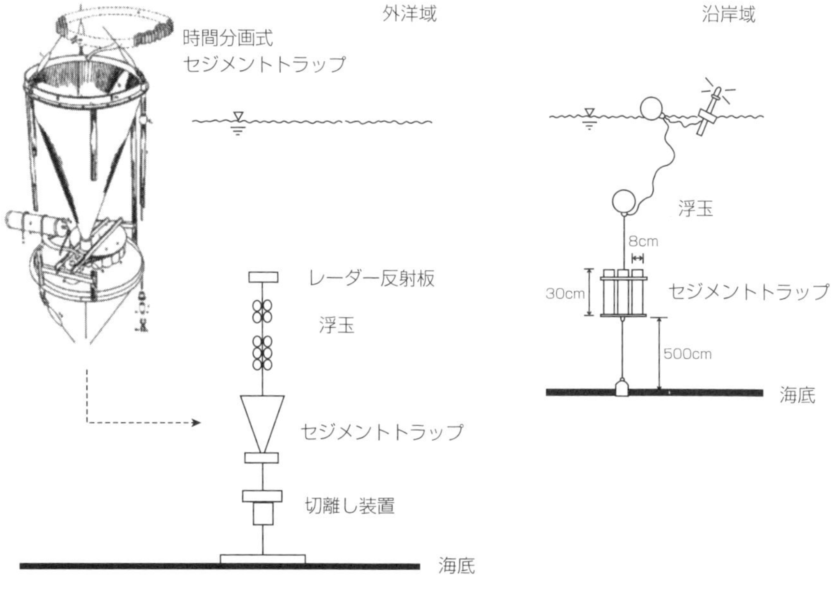

図6.5　外洋域（左）と沿岸域（右）におけるセジメントトラップとその係留系の例
外洋域の係留系では，回収時には，船上から切離し装置に信号を送って切離してセジメントトラップを浮上させて回収する．時間分画式では，トラップ下部の容器が自動的に回転し，時間分画して沈降粒子を捕集することができる．

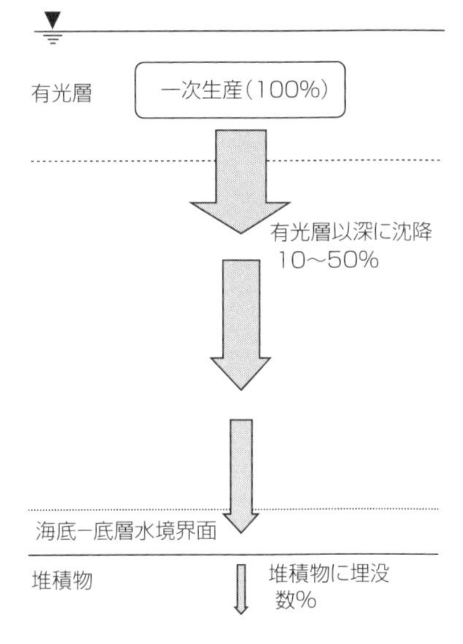

図 6.6　海域の一次生産量と有機物の鉛直輸送の模式図

有孔虫などの炭酸塩殻も頻繁に認められる．また，沈降粒子には，動物プランクトンの**糞粒（フィーカルペレット：fecal pellet）**も多量に含まれている．マリンスノーの一部は糞粒がほぐれたものとされるが，溶存態有機物や沈降速度の小さい小型粒子が凝集して生成するものもあり，その詳細は不明である．粘土鉱物や微小プランクトン等の小さな粒子は個々に単独で沈降すると海底に到達するまでに外洋では数十年以上かかってしまうことになるが，実際には，粒子が凝集したり，動物プランクトンに捕食されフィーカルペレットになるなどして急速に沈降している．すなわち，表層の植物プランクトンの光合成由来の有機物の一部は，大型粒子のまま大きな変質分解作用を受けることなく急速に鉛直輸送されたのち，深層での物質循環に直接寄与している．そしてこの深層へ鉛直輸送された沈降粒子の有機物はそこに存在する有機物よりも速やかに分解・無機化される．このことから，沈降粒子はベントス等の深層水中の生物に新鮮な有機物を供給する機能もはたしているといえる．

海洋表層から海底へ沈降する粒子の主成分の変化を見てみると，外洋域では海洋表層部での一次生産量を100％とすると，有光層以深に沈降するものが10〜50％であり，最終的に堆積物に埋没する有機炭素は，一次生産量のわずか数％である（図6.6）．一方, 水深の浅い沿岸海域では，有光層以深により多くの有機物が沈降し（50％以上），堆積物にも同様により多くの有機物が分解を免れて到達している．

6.2 で述べたように海洋における有機物は表層水塊中に多量に存在し，有光層内で急激に減少し，さらにそれ以深では溶存態有機物も懸濁態有機物も，深さに関係なくほぼ一定濃度を示す．また，躍層付近にはしばしば高い濃度の懸濁物の集積した層が認められることがあるが，その直下で急激に減少する．したがって，表層で生産された懸濁態有機物は躍層付近でほとんどが分解されてしまうと考えられる．このことから，深層への有機物供給を担っているのは浮遊懸濁物ではなく，沈降粒子ということになる．なお，このセジメント・トラップ実験は，4.4 に述べた移出生産を測定していることに他ならない．

6.4　二層ボックスモデル

海洋の中の物質の収支を考えるために, 海洋を二つの水塊のみからなると簡略化して考えると，基本的な過程をかなり容易に定量化することができる．このように簡略化したモデルを**二層ボックスモデル（two box model）**といい, 複雑な現実の海洋で起きている現象の理解に大変役立つ．

3.2.2 で述べたように，海洋は閉じた系ではなく，海洋内部の物質循環に加えて，大気－海洋，海洋－大陸，および海洋－海底堆積物の間での物質のやり取りがある．それらも含めて簡略化して定量的な物質収支を取り扱うためには，いくつかの仮定が必要となる．まず，このモデルでは，海洋は表層の暖かい水塊と，これよりも体積がはるかに大きく，密度が高い冷たい水塊の二層よりなると仮定する．そして，海洋に流入する元素は大陸から河川によってのみもたらされると仮定する．したがって，海底火山，大陸周辺部における地下水の流入経路は無視する．また，海水中の栄養塩は生物が生産した粒子状物質として海底へ沈降・堆積することによってのみ除去されると仮定する．すなわち，沈降粒子は海水中を海底へと沈降し，そのうち分解を免れたものが海底堆積物中に隔離されることになる．次に，このモデルが定常状態にあると仮定する．したがって，海洋全体としての元素の流入と除去の速度が長い目でみれば等しく，海洋のいかなる場所においても各元素の濃度は時とともに変化しないとしている．

図 6.7 にはリンを例に取り，その循環の様子を単純化して示した．リンは陸の浸食作用によって河川から海へ供給され，その量は海洋全体で 6×10^{11} g である．暖かい表層海水中へ運び込ま

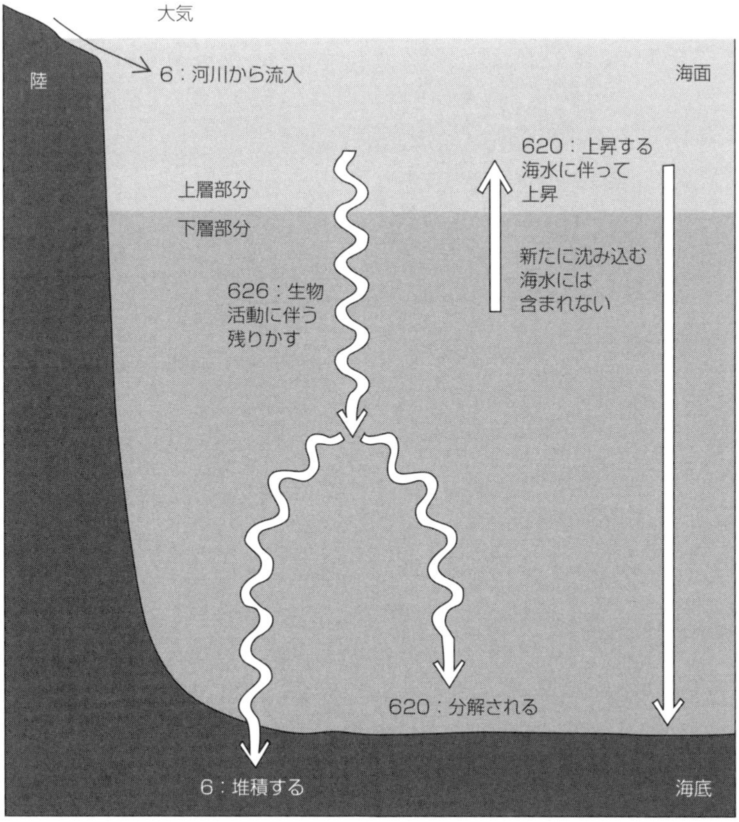

図 6.7　海洋のリンの循環を示した二層ボックスモデル（蒲生（1983）を改変）
図中の数値は年間当たりの移動量を 10^{11} g 単位で示している．

れたリンの大部分は植物プランクトンによって取り込まれ，その細胞あるいはそれを捕食した生物体やその排泄物および死骸などがさらに分解したあとの残渣となって深層へと沈降するが，その量は 626×10^{11} g である．そしてそのほとんどが深層で分解され，リンは再び海水中へ回帰する．回帰したリンは上昇する海水に運ばれて，再び表層へと戻る．このモデルでは，620×10^{11} g のリンが分解されて回帰し，残りの 6×10^{11} g のリンが海底堆積物中に埋没する．この堆積物中に埋没するリンと河川から海へ供給されるリンの量は等しい．

6.5　有機物の生成と分解

有機物中の炭素は生体中の炭水化物，タンパク質あるいは脂質などの構成元素であり，炭素は生物体の乾燥重量の40〜50％を占めている．生物体の炭素は常に補給・蓄積され，他方，常に排泄され，外界と生物との間を循環している．海洋の表層では植物プランクトンや海藻類が，光合成のために無機炭素を取り込むことでその循環が始まる．この海洋表層部での植物プランクトンの光合成により，陸上植物にほぼ匹敵する量の有機物が海洋で生産されている．

大気から海水中に二酸化炭素が溶け込んだ際に生成される三種類の化学成分，すなわち，炭酸イオン（CO_3^{2-}），重炭酸イオン（HCO_3^-），およびガス状の二酸化炭素（CO_2）を合わせて**全炭酸**（total carbonate）と呼ぶ．全炭酸のうち，海水のpH（8.2±0.3）のもとでは，ガス状の二酸化炭素は0.5％程度でごくわずかしかなく，無機炭酸の80％以上は HCO_3^- の形で存在している（図6.8）．植物プランクトンに無機炭素が取り込まれて生産された有機物は捕食されるなどして動物プランクトンに移り，さらに食物連鎖を通してより高次の魚類へと転送され循環する．

植物プランクトンの光合成により生産された有機物は，より高次の生物に移行する過程において，一部は溶存態の形で，また，その死骸などは懸濁態の形で海水中に放出される．また，その一部は，動物プランクトンやそれより高次の動物から呼吸により無機炭酸の形で放出される．こ

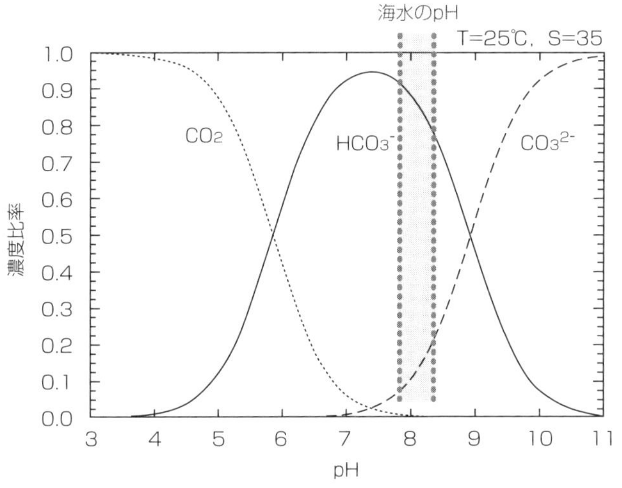

図6.8　炭酸物質の総濃度に占める各炭酸物質の比率とpHの関係（日本分析化学会近畿支部（2002）を改変）

のように光合成で生産された有機物のうち，かなりの部分が海洋表層部で循環し，何割かは海洋表層での分解を免れて，中深層まで沈降粒子の形で輸送されることになる．これは，4.4 で述べた**移出生産**に相当し，この炭素や後に述べる窒素やリンといった栄養塩の鉛直方向の輸送システムは**生物ポンプ**（biological pump）と呼ばれている．

さらに表層部から深層に沈降する有機物量のバランスを考えると，鉛直方向に定常状態が成り立っているとすれば，海洋表層から沈降する有機物量，すなわち，移出生産は，新生産と等しいはずである．つまり，6.3 に述べた有光層下部でのセジメントトラップ実験は，新生産の変動を直接測定することと同義になる．また，沿岸域を除き，ほとんどの海域では，海底に到達する有機物はごく一部でしかなく，表層で生産された有機物の大部分は海水中で分解無機化されてしまう．さらに海底に到達した有機物も海底でさらに分解が進行するため，最終的に海底堆積物中に埋没してゆく有機物は，移出生産の数%以下と考えられる．

6.6　有機物の分解過程と海洋細菌

前述のように海洋生態系は安定しており，生産者の作用と分解者の作用とがほぼつり合っている．したがって，海洋における有機物の循環を理解する場合に，有機物の分解過程は低次生物生産過程と同様の重要性を帯びている．この分解過程は最終的に有機物を無機物にするものであり，生物の捕食，呼吸，および死後分解の三つの過程により行われ，それぞれの過程が別々の生物の働きでなされるが，このうち細菌による分解作用が最も重要である．また，海洋の有機物の分解過程には光分解や水流による溶解あるいは熱分解といった物理的要因，および海水中に存在する遊離態の酵素による化学的な要因のようなものも含まれる．海洋細菌によって有機物が分解を受ける際には，一般的には基質となる有機物は時間とともに直線的ではなく指数関数的に減少する（図 6.9）．今，初期濃度を C_0 とした時，時間 t 後の有機物濃度 C は次式で表される．

$$C = C_0 e^{-kt} \tag{6.2}$$

ここで，k は分解速度定数という．この式を k について解けば下記のようになる．

$$k = \frac{1}{t} \ln \frac{C_0}{C} \qquad \text{あるいは} \qquad -k = \frac{1}{t} \ln \frac{C}{C_0} \tag{6.3}$$

有機物の分解されやすさは，この k を比較することにより判断することができる．ただし，これは単一の有機物質が分解する様子を非常に単純化したモデルの場合で，実際の有機物は何種類もの有機化合物により構成されており，さらに，溶存態有機物の分解過程では，低分子化と無機化の二つの段階に分けられ，さらに複雑である．実際に室内実験で溶存有機物の分解を検討した結果では，実験開始後 1 週間程度で速やかに有機物が分解してゆく初期の段階と，その後数十日にわたって続く穏やかな減少の時期が認められることがある．この時，前者は易分解性有機物，後者は難分解性有機物ということになる．したがって，分解初期とそれ以後で，異なる分解速度定数（k）が得られる（図6.10）．一方，粒子状の有機物では可溶化のステップが加わる．室内実験でデトライタスを分解させた際には，分解が進行するとともにC/N比が増加するが，分解過程の初期には，C/N比が逆に低下することが観察される．このことは，バクテリアのタンパク質含有量が高く（そのC/N比は4以下），海洋細菌自身がその分解過程の初期で，タンパク質含有量の比較的低い（C/N比が高い）デトライタス表面で増殖し，デトライタス全体のタンパク質含有量が上昇するためと考えられる．

海洋の有機物の分解を担う海洋細菌は，特に外洋域ではその大半が浮遊状態で存在している．浮遊細菌の細胞密度は，河口域で5×10^6 cells/mL以上，沿岸域で$1\sim5\times10^6$ cells/mL，沖合域では$0.5\sim1\times10^6$ cells/mL程度である．一方，マリンスノーなどの懸濁態有機物に付着して

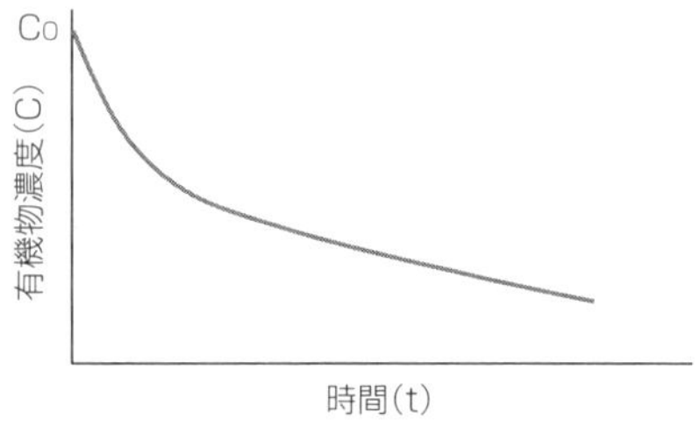

$C=C_0e^{-kt}$　k:分解速度定数

$k=\frac{1}{t}\ln\frac{C_0}{C}$　あるいは　$-k=\frac{1}{t}\ln\frac{C}{C_0}$

図6.9　海洋における有機物の分解

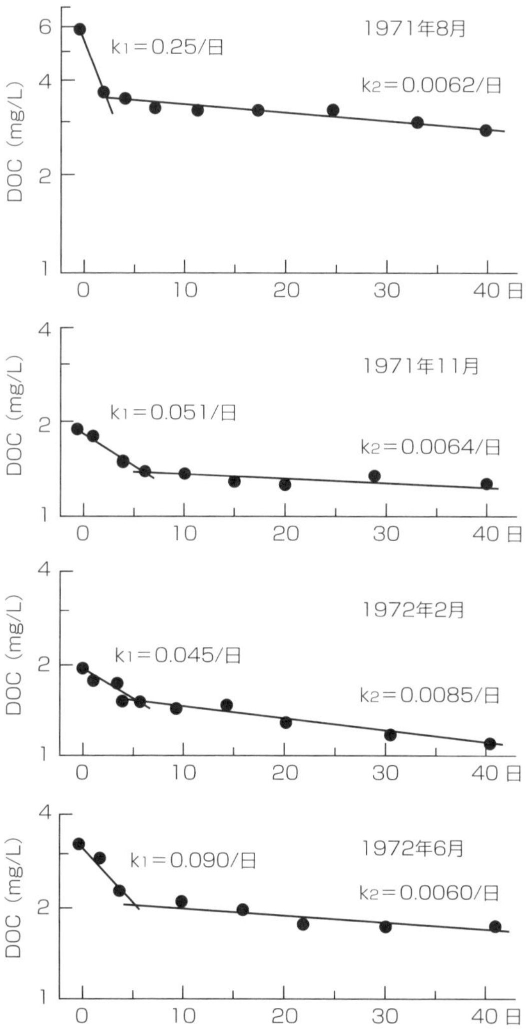

図6.10　東京湾表層水中の溶存有機物を20℃，暗条件下で培養した際のDOCの変化（Ogura（1975）を改変）

いる海洋細菌（付着細菌）の細胞密度は 10^8～10^9 cells/mL に達し，その微小空間の圏外の浮遊細菌より3桁以上高い．付着細菌群は生息環境の豊富な有機物量を反映して，有機物濃度の高い従来の培地でも容易に増殖する．このような生理学的特性を有する細菌を**高栄養細菌**（eutrophic bacteria）と呼ぶ．この高栄養細菌は有機物濃度が高くなるとそれにともない分裂速度も上昇する．一方，海水中の溶存態有機物濃度は前述のように0.5～2 mgC/L 程度ときわめて低く（6.2.1参照），海洋細菌の大部分は低栄養というストレス下におかれているため，生きているにもかかわらず通常の寒天平板培地ではコロニーを形成しない．このように，高濃度の培地では増殖しないが，低栄養で存在するような生理学的特性を有する細菌を**低栄養細菌**（oligotrophic bacteria）と呼ぶ．わが国では，低栄養細菌は「1 mgC/L の有機物を含む培地に増殖する微生物」として暫定的に定義されている．

溶存態有機物の分解に関しては，多いところでは，一次生産量の約30～50％程度に相当する有機物が細菌群集を経由するといわれており，その大部分は浮遊性の細菌の作用である．このように，微生物を介した食物連鎖，物質の流れの概念は，第2章で述べた**微生物ループ**として考えられている．単純にいえば，主に植物プランクトンに起源をもつ様々な溶存態有機物が細菌によって取り込まれ，その一部が菌体に変換され，さらに原生動物などの捕食を通じて高次の食物連鎖に移っていく系である．この微生物ループの出発点となるものは溶存態有機物の中でも，特に6.2に述べた易分解性溶存有機物と考えられる．

6.7　リン，窒素およびケイ素の循環

海洋に生息する植物や動物は，その生物体を維持するために必要な種々の元素を周囲の海水よりもはるかに高濃度で維持している．これらの元素は，主に植物プランクトンなどによって海水中から取り込まれ，さらに食物連鎖系を通じて高次の生物体に移行したものである．高次生産物に転換された有機物は，一部は生物自身の代謝で，残りの大部分は海洋細菌の働きによって無機化され（ただし，生物体中のケイ素は物理化学的に溶存化），再び生産者によって利用されることになる．以下に，6.5，6.6で述べた有機物の生成および分解を踏まえ，リン，窒素，ケイ素といった親生物元素別に，その循環について見てみよう．

6.7.1　リンの循環

リンの循環の主要な経路を図6.11に示した．リンは海洋の中で様々な物質に含まれており，すべての生物にとって核酸や細胞膜のリン脂質などを構成する不可欠な要素である．リンは海洋表層部で植物プランクトンの増殖によって取り込まれることによりその循環が始まる．その際，栄養塩としてのリンは，リン酸塩（オルトリン酸：PO_4^{3-}）の形態である．植物プランクトンに取り込まれた後は，動物プランクトンに捕食され，さらにより高次の魚類へと転送されてゆく．この過程で一部のリンは溶存物として海水中に排出される．一方，遺骸，糞粒や脱皮殻などの粒状有機物は海水中を沈降し，さらに沈降の途中あるいは海底に到達してからも分解は進行し，そ

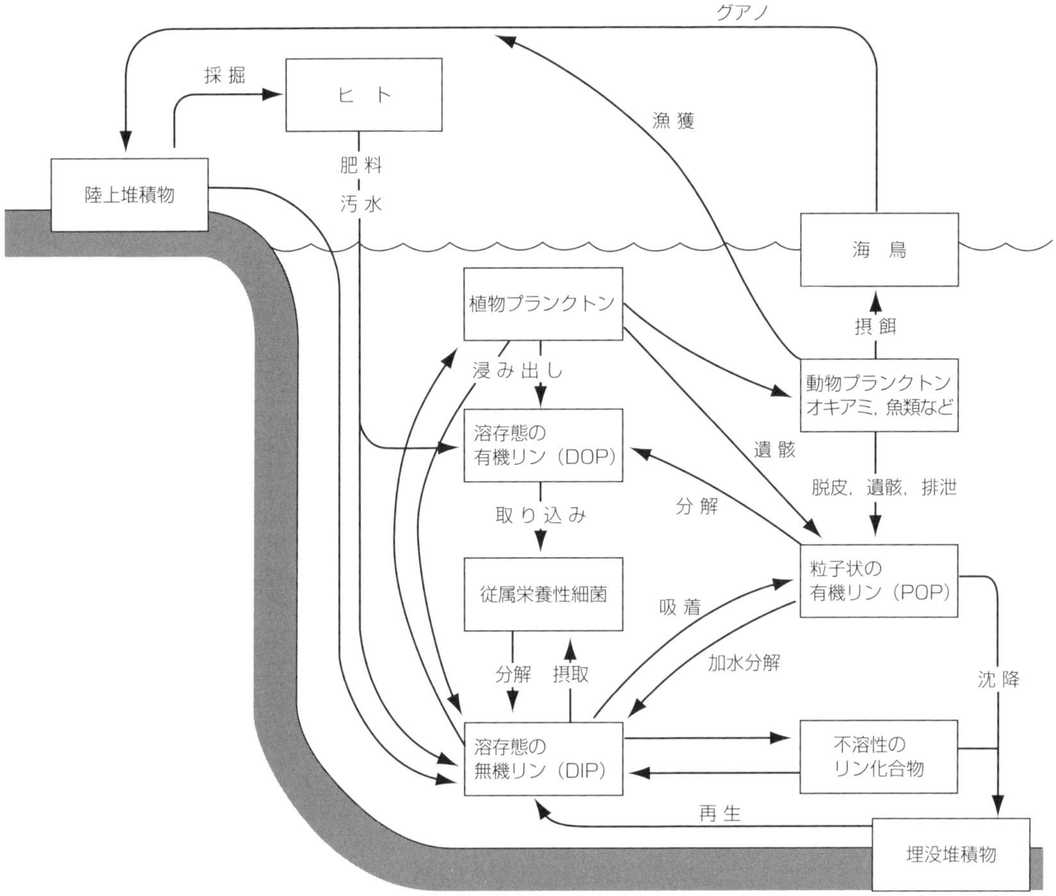

図6.11　海洋のリンの循環模式図（菊池，2012）

のごく一部の分解を免れたものが堆積物中に埋没する．堆積物中で分解され，堆積物の間隙水（第9章で解説）を通して海水中に回帰するリンも無視できず，再び，表層の光合成に利用されることとなる．また，海鳥が捕食した魚類などに含まれるリンは，糞として陸上にもどされ，その死骸などとともに堆積し化石化して**グアノ**（guano）となる．グアノはその場で再び風化・分解作用を受けて海に流出するものもあるが，人間によって肥料として利用されることが多い．また，陸域から海に供給されるリンとしては，岩石や鉱物に含まれるリンが風化してリン酸塩として河川を通じて海に供給されるもの，また，農業や工業など人間活動の結果として海に流入するものなどがある．

6.7.2　窒素の循環

窒素の循環の主要な経路を図6.12に示した．リン同様に，窒素もすべての生物にとってタンパク質をはじめとして体内の様々な有機物を構成する不可欠な要素である．窒素も海洋表層部で植物プランクトンが増殖のために無機態の窒素を取り込むことにより循環が始まる．一見リンの

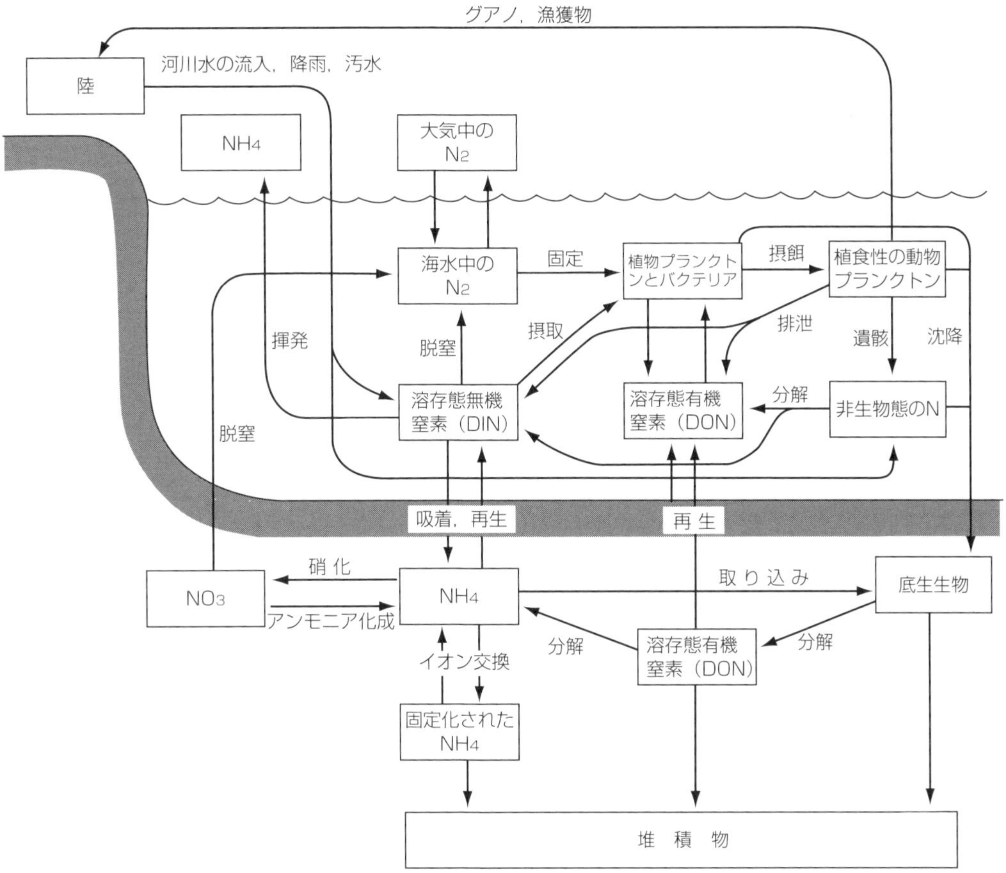

図 6.12　海洋の窒素の循環模式図（菊池，2012）

循環と同様に見えるが，窒素はその無機態の形態が硝酸塩（NO_3^-），亜硝酸塩（NO_2^-），アンモニウム塩（NH_4^+）の 3 種の栄養塩（**無機三態窒素**）と窒素分子（N_2）などに形態を変えながら循環しており，リンの循環経路よりも複雑である．植物プランクトンがその細胞内でアミノ酸合成に用いる無機態窒素はアンモニア態の窒素であるが，自然の海水中に含まれる無機三態窒素では，硝酸塩（NO_3^-）が全体の約 9 割以上を占め，ついで亜硝酸塩（NO_2^-）が約 1 割で，アンモニウム塩（NH_4^+）は非常に低濃度である．したがって，植物プランクトンは取り込んだ硝酸イオンをその細胞内で亜硝酸イオンに還元し，さらにアンモニアに還元したのちにアミノ酸合成することになる．この過程は**硝酸還元**（**nitrate reduction**）と呼ばれている．一方，海水中の生物活動で生成された N_2（および N_2O）は海面を通して大気へと散逸する．なお，一部の細菌や藍藻類は，分子状の窒素を還元してアンモニアを生成してアミノ酸に同化する能力をもっている．したがって，これらの細菌や藍藻類は，海水中に無機三態窒素がなくても分子状の窒素を利用して増殖することが可能であり，この過程を**窒素固定**（**nitrogen fixation**）と呼ぶ．

窒素もリンと同様に，植物プランクトンにより生産された有機物は，動物プランクトンに捕食され，さらにより高次の魚類へと転送されてゆく．この過程で一部の窒素は溶存物として海水中に排出される．一方，遺骸，糞粒や脱皮殻のような粒状有機物は海水中を沈降し，沈降の途中あるいは海底に到達してからも分解は進行し，そのごく一部の分解を免れたものが堆積物中に埋没する．

一方で，この過程で無機化されて回帰した窒素は，栄養塩として再び植物プランクトンの増殖に利用される．堆積物中で分解され，堆積物の間隙水を通して海水中に回帰した窒素も前述のリンと同様に，再び表層の一次生産に利用されることとなり，それは特に水深の浅い沿岸域では量的には無視できない．

さらに，海底の泥の中などで嫌気的条件下で有機物の分解が起こった際には，一部の細菌が酸化剤として硝酸イオンを利用し，これを還元して亜硝酸イオンを生成し，さらに一部は，亜硝酸イオンを還元して最終的には分子状の窒素を生成する．この過程は窒素同化のための硝酸還元と区別して，**脱窒**（denitrification）と呼ばれている．また，N_2 まで還元されずに，亜酸化窒素（一酸化二窒素：N_2O）として放出されるものも多くある（9.7.1 で解説）．特に，N_2O は温室効果ガスであり，大気中への N_2O の放出は地球環境，気候変動の理解において重要である．

6.7.3　ケイ素の循環

ケイ素は珪藻類や珪質鞭毛藻類などの細胞被殻や放散虫などの骨格を形成する元素である．このSiで形成された細胞被殻や骨格を**生物起源ケイ素**（BSi：Biogenic Silica または Biogenic Opal）という．ケイ素は，海水中では溶存ケイ酸（$Si(OH)_4$）の形（DSi：Dissolved Silicic acid）で存在し，ほとんど解離していない（4.1 参照）．ケイ素は地殻中では酸素に次いで二番めに多い元素であるが，陸上や岩石中ではケイ酸塩鉱物の形，鉱物起源ケイ素（LSi：Lithogenic Silica）で存在している．河川水中の溶存ケイ酸は海水に比べて数倍から数十倍以上高い濃度であるが，4.1 に述べたように珪藻類などでは，窒素やリンに加えて，このケイ素も栄養塩となり，海水中では珪藻類などの増殖に必要な量が不足することもある．なお，海水中に負荷されるケイ素はその7～9割が陸上での風化作用で河川水から供給され，残り1～3割が海底の熱水噴出域からの供給とされている．

海洋表層部に供給された溶存ケイ酸は，そこに生息する珪藻類などにより取り込まれ，その細胞殻や骨格を形成する．それらは，動物プランクトンに捕食されたり死滅したりして，殻を形成しているケイ素は糞粒，未消化物あるいは殻破片として深層へ沈降する．その過程で物理化学的に溶存化して海水中に回帰するが，リンや窒素に比べると表層部での回帰量は少なく，深層でその存在割合が高くなっている．一方で，この過程で溶存化したものの一部は，リンや窒素同様に，栄養塩として再び植物プランクトンの増殖に利用されることになる．しかし，ケイ素はリンや窒素のように有機物の合成に使われることがほとんどなく，捕食などによる栄養段階間での移動が少ない．したがって，海洋においては珪藻類などに摂取される過程とそれらが溶解，沈降，堆積する過程がその主な循環過程となる．

6.8　有機物循環と安定同位体比

海洋生態系とは，前述のように，海洋の生物群集と生物が生息する海の物理化学環境の総体であり，そこに物質循環とエネルギーの流れが生じている．海洋に生息する生物を介した有機物の生成と分解過程の理解には，炭素安定同位体 ^{13}C，窒素安定同位体 ^{15}N などを用いた手法で追跡することが有効である．その原理について簡単に述べる．同位体は同一元素のうち，外殻電子の数と配列，および陽子の数は同じであるが，中性子の数が異なるためその質量数が異なるものである．同位体のうち，放射線を出して別の種類の原子に変わってしまう（放射性壊変）同位体は**放射性同位体**（radioisotope）と呼び，放射性壊変を行わないものを**安定同位体**（stable isotope）という．炭素には ^{12}C と ^{13}C，窒素には ^{14}N と ^{15}N とおのおの二つの安定同位体が存在する．そしてどちらも自然界では軽い（質量数の小さい）ほうの同位体が大部分を占め，^{13}C は 1.11％，^{15}N は 0.365％含まれているにすぎない．同位体は，化学的な性質は同じであるが，質量数の差に起因する物理化学的，生化学的過程で差異を示す．一方，自然界の**安定同位体の存在比**（stable isotope ratio）はおおざっぱに見るとほぼ一定であり，単に，同位体比あるいは同位体存在比などと呼ばれている．例えば，人間の髪，植物の葉，アワビの殻，あるいは空気中の二酸化炭素などに含まれる炭素では，^{12}C がほぼ 99％で約 1％が ^{13}C である．このように％の桁で見るとほとんど何でも同じに見えてしまうが，同じ炭素安定同位体比を 0.001％の桁まで精確に測定すると，明らかな，かつ再現性のある差が存在する．そこで，％単位で表記していては煩わしいので，ある特定の基準物質の安定同位体比に対する千分率偏差（‰：パーミル）で表し，質量数の大きいほうの同位体の記号に δ（デルタ）を付けて表す（例えば炭素であれば δ^{13}C）．このことを，以下に式で示す．同位体比は通常，最も存在度が高い同位体に対して二番めに高い存在度をもつ同位体の比（R）を，特定の標準物質からの千分率偏差，δ 値（‰）で表す．すなわち，

$$\delta\text{値} = (R_{\text{sample}} / R_{\text{standard}} - 1) \times 1000 \tag{6.4}$$

ここで，R_{sample} は試料の同位体の比，R_{standard} は標準物質の同位体の比を表す．海洋食物連鎖系における食う－食われるの関係の解析には，食物連鎖の系統分析，栄養段階の推定，餌資源の利用率推定，および雑食度の推定が含まれるが，これらを総称して食性解析と呼ぶ．この食性解析の主な原理は，以下の通りである．まず，動物体組織の同位体組成（δ^{13}C，δ^{15}N）は主として餌のそれによって支配されている（図 6.13）．また，食物連鎖にしたがって重い同位体が一定の割合で動物組織に濃縮される．これは，動物の体外に排出される同位体には軽い同位体が多いことからもたらされる．例えば δ^{15}N でみると動物から排出される尿やアンモニアは体細胞に比べて－8 から－2‰程度まで軽くなっており，結果として動物の体は餌よりも 3‰程度 ^{15}N が高くなる．この濃縮を摂餌における**同位体効果**（isotope effect）という．すなわち，通常の生物が関与

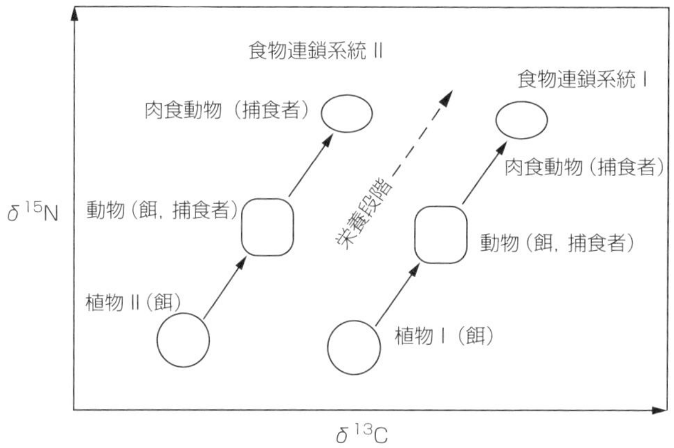

図6.13　食物連鎖の系統と栄養段階にそった同位体（^{13}C，^{15}N）の濃縮（南川，1997）

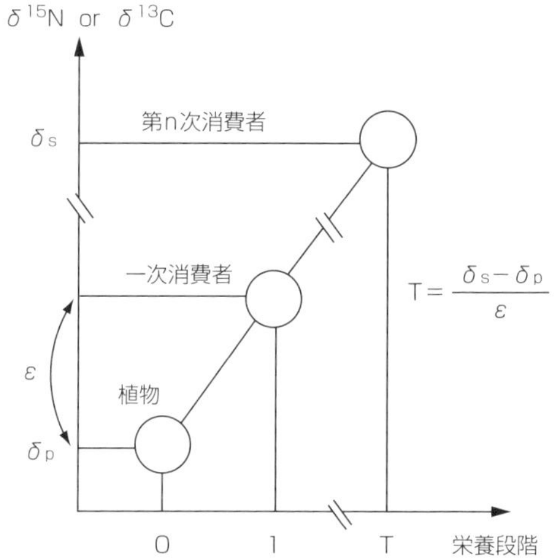

図6.14　栄養段階（T）の推定（南川，1997）

する反応では，軽い同位体分子がより大きな反応速度定数をもち，これを**同位体分別**（isotope fractionation）ともいう．さらに，餌と動物の間の同位体効果は，餌の種類や動物の種類，生息環境，年齢，窒素代謝型の違いによらず一定である．したがって動物が老化しても餌の内容が変わらなければ基本的に同じ同位体組成をもち続ける．

以上のような原理により，栄養段階が1レベル上がると δ^{13}C は1‰，δ^{15}N は3‰程度上昇する．海洋のある動物種と一次生産者の δ^{13}C は有機物の起源の推定に用いられる．また，δ^{15}N は栄養段階の推定に用いられる．すなわち，目的種の δ 値を δ_s，一次生産者の δ 値を δ_p，同位体効果を ε とすると，求める栄養段階（T）は下記の式で得られる（図6.14）．

$$T = (\delta_s - \delta_p) / \varepsilon \tag{6.5}$$

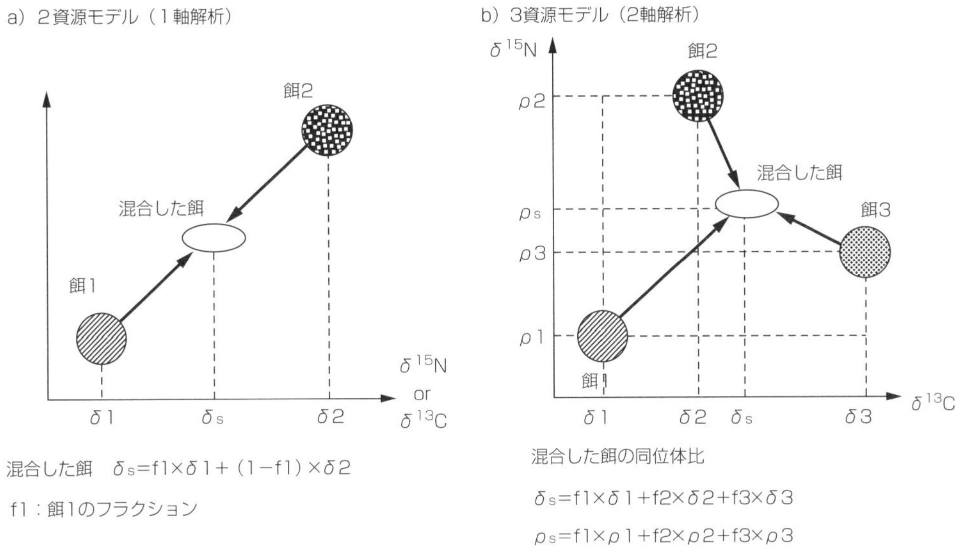

図 6.15　複数の餌の混合利用における同位体組成の関係

なお，海洋の植物プランクトンの δ^{13}C，δ^{15}N の値としては，変動幅が大きいがそれぞれ−20‰，6‰という値がよく用いられている．ただし，一次生産過程において，窒素源の同位体比が脱窒と窒素固定によって変動するために，一次生産によって生産される有機物の窒素同位体比も変動する*2．

また，δ^{13}C，δ^{15}N 値を利用して餌の利用率を推定することも可能である．餌が2種類の場合は δ^{13}C, δ^{15}N 値のいずれか一方で餌の利用割合を求めることができる．また餌が3種類の場合は，δ^{13}C，δ^{15}N 値の双方で同様に餌の利用割合を求めることができる（図 6.15）．

*2　有機物全体（バルク）の炭素・窒素安定同位体比の解析では，一次生産によって生産される有機物の同位体比が変動することで食物連鎖解析に誤差をもたらすことがあるため，最近ではより正確な栄養段階を知ることができるアミノ酸の窒素同位体比が用いられるようになっている．

コラム⑧【海水試料のろ過に用いる様々なフィルター】

海水試料のろ過には用途に応じて，大きさ（ろ過面積），孔径（粒子保持能，目開き），材質等が異なる様々なフィルターが用いられている．著者らが海洋観測の現場でよく用いるフィルターは，以下の通りである．

・大きさ（ろ過面積）：著者らは，沿岸海水の数 mL〜数 L を 1 枚のフィルターでろ過することが多い．これに適したものとして，直径 25 mm ないしは 47 mm の円形状フィルターを最も頻繁に使っている．47 mm のものはもっぱら減圧ろ過（吸引ろ過）に，25 mm のものは，吸引ろ過に加えて，シリンジを用いた加圧ろ過に用いている．
・孔径（粒子保持能）：海洋学では便宜上，孔径 0.45 μm のフィルターを通過するか否かで粒状物と溶存物の区別を図る．その都合，0.45 μm 前後の孔径もしくは粒子保持能（0.4 〜 0.8 μm）をもつフィルター数種を多用している．加えて，細菌のような「0.45 μm 以下の粒状物」を試料水から除くために孔径 0.2 μm のもの，また大型粒子の選別捕集のために孔径 2 μm や 10 μm 程度以上のものも頻度高く用いている．
・材質：ガラス繊維，ポリカーボネイト，セルロースアセテート，親水性テフロン製品を主に用いており，使用頻度は列挙順に高い．ガラス繊維フィルターは，ろ過速度が比較的速いうえ，事前の強熱処理によりろ紙上の有機物をほぼ完全に除去できる利点がある．ただしガラス製であるため，ケイ素の分析には用いられない．

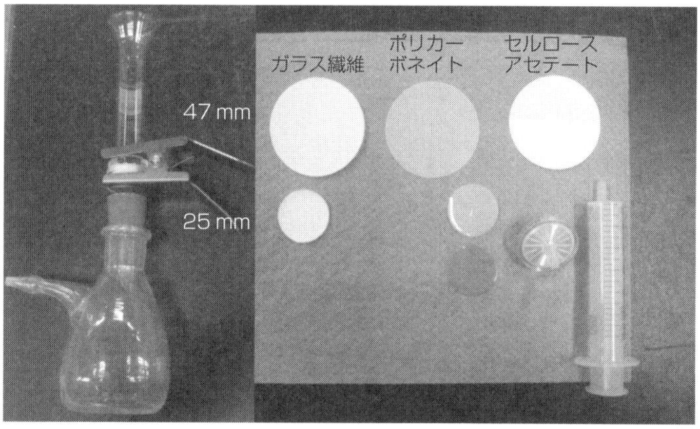

著者らの研究室で頻度高く用いているフィルターの一例(右)．上が直径 47 mm，下が直径 25 mm のフィルターを示す．左から順に，ガラス繊維，ポリカーボネイト，セルロースアセテート製品．25 mm ポリカーボネイトフィルターについては，通常品と黒色染色品を示した．25 mm セルロースアセテートフィルターについては，ディスクフィルターと呼ばれる，ハウジングー体型のものを示した．ディスクフィルターは，シリンジを用いた加圧ろ過に使用される．ディスクフィルター以外のものは，通常，減圧ろ過（吸引ろ過）に用いる．参考として，減圧ろ過用のフィルターホルダーと吸引ビンを写真左に示した．

第 7 章　内湾の富栄養化

7.1　富栄養化

富栄養化（eutrophication）とは，本来，長い年月をかけて貧栄養な湖沼から富栄養な湖沼へと遷移していく非人為的な過程を指し，陸水学で使われる用語である．しかし現在は，より広義的に用いられ，沿岸域においても人間活動の影響によって，海域の栄養物質が増加する，もしくは水質が悪化する現象としてとらえられることが多い（図 7.1）．

富栄養化をもたらす栄養物質は主として窒素やリンである．これらの栄養物質を多量に含む産業廃水，生活廃水あるいは農業排水といった汚濁水が，河川等を通じて海域へ負荷されると，これらを利用する一次生産者の植物プランクトンが増加し，海域の一次生産量は高くなる．したがって，原則的にはその後に続く一次消費者，二次消費者の生物量も増加する方向に向かうと考えられる．しかし富栄養化の進行は，海域の生物生産性を無制限に高めるものではなく，様々な環境の悪化をもたらし，物質循環の回転速度を鈍らせる結果を招く．

一次生産者の生物量が増加すると，これらの死骸や分解物も含め，海水中の有機物濃度が高くなり，透明度も低下する．富栄養化の進行度合いは，一般的に**化学的酸素要求量**（COD：Chemical Oxygen Demand）や全窒素（TN）・全リン（TP）濃度といった水質汚濁の指標で表される．COD は，海水中の有機物質を過マンガン酸カリウムなどの酸化剤を用いて化学的に分解した時に必要な酸素量を測定したものであり，COD 値が高いほど有機物濃度も高いといえる．水柱の有機物量が多くなると，海底に沈降・堆積する有機物量も増加する．海底では堆積

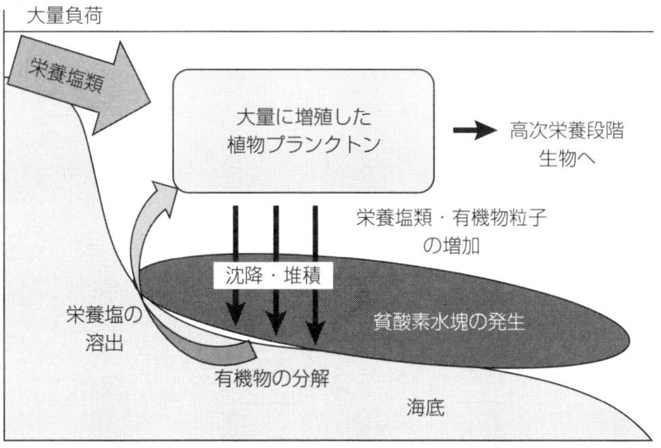

図 7.1　富栄養化のしくみ

した有機物がバクテリア等によって酸化的に分解されるが，多量の有機物が海底に供給されると，底層水中の溶存酸素が大量に消費され，閉鎖性が強い内湾では高水温期を中心に**貧酸素水塊**（2.8～4.2 mgO_2/L 以下，もしくは2～3 mLO_2/L 以下の水塊）が形成される（図7.1）．海水には通常7 mgO_2/L 程度の酸素が溶けているが，溶存酸素濃度が3 mgO_2/L を下回ると魚介類が生息できなくなり，さらに2 mgO_2/L を下回ると多毛類（ゴカイの仲間）のような一部の底生生物しか生存できなくなる．還元的な環境では分解速度が著しく低下するので，このような環境下では物質循環の速度が大きく滞ることになる．

7.2　赤　潮

7.2.1　赤潮とは

赤潮（red tide）は，植物プランクトン（一部の動物プランクトンも含む）が大増殖して表層付近に集積した結果，海面を着色させる生物現象である．赤潮といっても，その形成種によって茶褐色から鮮やかなピンク／オレンジみを帯びたものまで様々である．数種の植物プランクトンによって赤潮が形成されることもあるが，多くは特定の単一種が大増殖した結果として発生し，その細胞密度は海水1 mL 当たり 10^3～10^5 細胞に達する．赤潮は植物プランクトンの大増殖によって引き起こされることから，窒素やリンなどの栄養物質が多い富栄養化した海域で発生件数が多く，春～秋の比較的水温が高い季節にその発生率も高い．実に様々な植物プランクトンによって赤潮が形成されるが，魚介類のへい死をともなう赤潮は，そのほとんどがラフィド藻や渦鞭毛藻などの鞭毛藻類がその原因種である．

7.2.2　赤潮発生のメカニズム

赤潮は植物プランクトンの大増殖であるから，当然のことながら1細胞の分裂増殖がその出発点となる．なお，植物プランクトンの中には陸上植物の種子や胞子にあたる段階を生活史の中にもつ種類があり，珪藻類については休眠期細胞，鞭毛藻類は休眠胞子（シスト）と呼ばれ，低水温期などの増殖に不適な期間を海底泥中で過ごしている．したがって，このような休眠期をもつ植物プランクトンの場合は，これらの復活（珪藻類）ないし発芽（鞭毛藻類）が増殖の出発点となる（図7.2）．

植物プランクトンは増殖に適した環境下になると無性的な分裂増殖によってその生物量を増加させるが，周辺には種々の植物プランクトンが混在しており，とりわけ栄養塩類をめぐって熾烈な競合関係にある．細胞のサイズがよく似た様々な植物プランクトンが，ある光環境，あるいは栄養塩環境におかれた場合，理論的にはその環境条件下で最も大きな増殖速度をもつものが優占種になり得る可能性が高い（5.4 参照）．しかし現場の海では，種によって消費者に捕食されにくい（あるいは捕食されやすい）という特徴や，特に沿岸域では比較的短時間で物理化学環境が大きく変動することから，これらの影響による植物プランクトンの生理変化なども要因となって

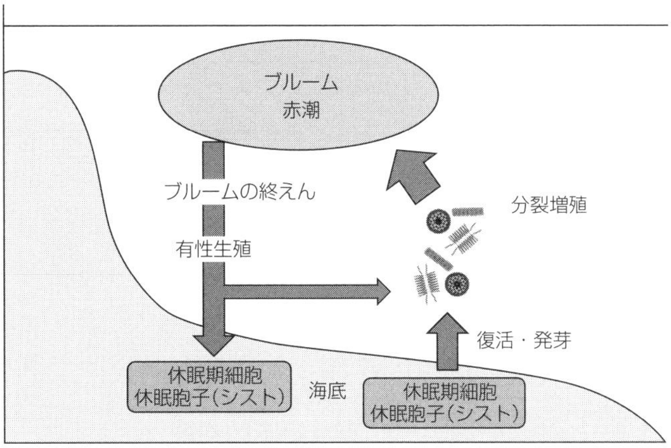

図 7.2　植物プランクトンの生活史

植物プランクトンの種交代が生じている．

なぜ単一の植物プランクトン種だけが赤潮を形成するまで大増殖できるのか，実は現在においてもまだよくわかっていない．魚介類をへい死させる鞭毛藻類の赤潮は，水柱が成層構造を取る夏期に発生しやすい傾向にあるが，これは珪藻類とは異なり，鞭毛藻類がある程度の遊泳能力をもつことにその生態的利点があるという見方がある．すなわち，成層期には有光層中の栄養塩類が希薄であるため，植物プランクトンが大きく増殖するには不適な環境になりやすい．しかし鞭毛藻類は，夜間に栄養塩類が豊富に存在する下層へ移動することで栄養塩類を吸収し，昼間は上層に移動し光合成を行う**日周鉛直移動**（diel vertical migration）をくり返すことで生物量を増加させることができる．実際に，わが国で多くの養殖魚をへい死させてきたラフィド藻の *Chattonella antiqua* や *Heterosigma akashiwo*，渦鞭毛藻の *Karenia mikimotoi* などは一昼夜に何 m もの鉛直移動を行っていることが現場観測から確認されている．鞭毛藻類の日周鉛直移動は，増殖速度に勝る珪藻類と競合するうえで非常に有効な戦略といえる．

また人間活動によって富栄養化が進行した海域の栄養塩比（窒素：リン：ケイ素）は，富栄養化が進行する以前と比較して，一般的に窒素とリンの割合が相対的に高い．これは窒素やリンが人間活動による廃水（排水）中に多く含まれているのに対し，ケイ素は地殻から供給される物質であり，基本的には人間活動の影響を受けないからである．4.1 で解説したように，珪藻類と一部の植物プランクトンは増殖にケイ素を必要とするが，その他の鞭毛藻などはこの類いではない．したがって，海域における窒素とリンの相対的な増加は，鞭毛藻類にとって珪藻類と競合するうえで有利に働くと考えることができる．このように人為的な富栄養化による栄養塩比のアンバランスも出現する植物プランクトン種を変化させる要因となりうる．

コラム⑨【赤潮が発生するとなぜ魚が死ぬの？】

赤潮になると魚が酸欠で死ぬ，といわれる．では，赤潮が発生している海水中には酸素がほとんどなくなっているのだろうか？　実はまったくその逆で，赤潮は植物プランクトンが大量に存在している状況にあることから，昼間の赤潮海水の溶存酸素濃度を測定すると，彼らの光合成によって，通常の溶解量を超えた過飽和の状態にある．すなわち酸素は十分すぎるほど存在しているのである．魚がへい死するメカニズムは，大量の赤潮プランクトンが魚の鰓に接触した時に，赤潮プランクトンから放出された有害物質によって呼吸をするための鰓（細胞）が損傷してしまい，結果的に窒息死してしまうと考えられている．

第 8 章　河口域と干潟・藻場

8.1　河口域の特徴

河口域（estuary）は，陸環境から海洋環境へと大きく変化する場である．ひとくちに河口域といってもその規模は様々であり，小さな河川の河口部や入り江から，奥部に大河川が存在する湾や灘まで，海水と河川水が互いに影響し合う水域までをその領域と考えてよい．河口域は，干満周期にともない，様々な環境因子が特に大きく変動する複雑な生態系である．

8.1.1　河口域の一次生産量

河口域では河川水が流入することで周辺の塩分が大きく変動し，海域には様々な溶存物質と懸濁粒子が供給されている．多量の栄養塩類が供給されることから，一次生産性が高い場の一つとして知られているが，海域に比べてはるかに栄養物質に富みながら，それに見合った一次生産量を示すかといえば，一概にはそうとはいえない．多くの河口域では多量の懸濁粒子が流入あるいは再懸濁しているため，常に**濁度**（turbidity）* が高い傾向にある．そのため水柱に透過する光量が制限され，沖合の海域に比べて有光層が非常に薄くなってしまう．また，河口域は栄養塩類が絶えず豊富に存在することから，海域に見られるような栄養塩濃度の挙動にその一次生産量が大きく左右されることは少なく，水温が高く，光も豊富に存在する夏期を中心に一次生産量が高くなる傾向にある．

8.1.2　エスチュアリー循環流

内湾に位置する河口域では**エスチュアリー循環流**（estuarine circulation）が卓越している．エスチュアリー循環流とは，閉鎖的な湾内に河川水が流入することにより，表層部では密度の低い低塩分水が沖に向かって流れ，底層部では流出した表層水を補うように底層水が湾奥方向へ引き込まれる循環流のことである（図 8.1）．正確にはコリオリ力と粘性力（3.1 参照）も影響した 3 次元構造の循環流であるが，主な流形は鉛直循環流である．

エスチュアリー循環流の強さは河川水の流入量によって変動し，河川流量が増加すればエスチュアリー循環流も強くなる．一般に，エスチュアリー循環流によって湾奥方向へもたらされる流量は，河川流量よりもずっと多いことが知られている．例えば，湾内底層水の栄養塩濃度が高ければ，エスチュアリー循環流は栄養塩類の供給源として機能するし，逆に栄養塩濃度が希薄で

*　濁度：海水の濁りの程度を表す指標．

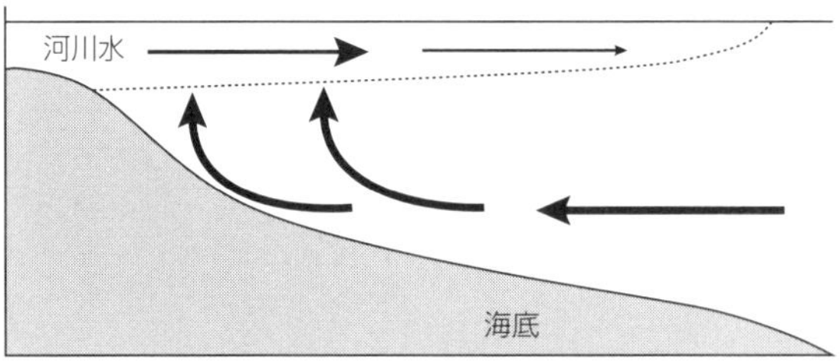

図 8.1　エスチュアリー循環流の概念図

あれば希釈効果が働くことになる．植物プランクトンに対しても同様で，エスチュアリー循環流は湾奥部の表層水を沖合方向へ流出させることで，植物プランクトンが濃密に増殖した海水を希釈している．これらのことから，エスチュアリー循環流は河口域における一次生産に大きく影響している．また沖合海水の溶存酸素濃度が高い場合には，エスチュアリー循環流によって湾奥底層の貧酸素環境を改善する効果もある．

その一方，湾内で広範囲に貧酸素水塊（7.1 参照）が形成されるなど，海底が還元的な環境にあるタイミングでエスチュアリー循環流が卓越すると，これらの底層の貧酸素水が湾奥部にもたらされ，浅海域に生息する多くの底生生物や底生性の魚介類をへい死させることがある．**青潮**（**blue tide**）はその最たる例である．青潮は，植物プランクトンが高密度に集積した生物現象である赤潮（7.2 参照）とは異なり，底層水の無酸素化にともなって生成された硫化物が，上昇流によって表層に運ばれることで海表面が乳白色を呈する現象である．青潮の発生要因がすべてエスチュアリー循環流というわけではなく，閉鎖性の強い内湾などで陸側から沖方向への強い風が継続して吹いた場合，エスチュアリー循環流に類似した鉛直循環流が発生することもある．

8.1.3　河口域における物質の挙動

河口域が沿岸海域ではたしている機能として突出したものは，陸から海へ負荷される物質の捕捉作用である．河口域は陸と海の境界に位置することから，河川水と海水という異なる性質の水が出会う場である．河川という大きな流水に運ばれてきた物質が，海という流速の小さな場に到達することで沈降・堆積しやすくなるとともに，微細粒子が物理的な作用によって凝集することで粒子サイズが大きくなり，沈降しやすくなる．図 8.2 は，河口域における溶存態無機窒素（DIN）と懸濁態有機窒素（PON）の濃度を塩分に対してプロットしたものである．塩分が 0 の河川水中には両者とも高濃度で含まれており，グラフの右側にあたる海水中ではその濃度が低い．これらの物質がいずれの作用も受けずに残存していれば，両者とも河川水が海水によって単純に希釈された濃度として直線的に分布するはずである．この直線を**理論希釈直線**と呼ぶ．DIN はこの直線上にあることから，河川から流入した高濃度の DIN が，濃度の低い海水に希釈された形で存在していることがわかる．一方，PON は理論希釈直線の下方に分布しており，特に河口域の上流部で沈降・堆積し，水柱から速やかに除去されていることがわかる．なお，植物プランクトンが活発に増殖している河口域では，溶存物質である栄養塩が消費され，粒子（植物プランクトン）が生成されることから，理論希釈直線に対して栄養塩は下方に，粒状物質は上方に分布する結果がしばしば見い出される．また図 8.3 は，河口域において形態別に鉄の濃度を調べたものである．溶存態鉄は低塩分域で速やかに減少し理論希釈直線の下方に分布する一方で，粒子態鉄はこれと同調するように濃度が上昇している．これは溶存態鉄が粒子態鉄に変化したことを示しており，その他の金属類や高分子の有機物なども含め，河口域ではこれらの物質が粒子化しその多くが沈降・堆積することが知られている．

このように河口域では，陸から負荷される物質を捕捉し，海への流出量を大きく減少させるフィルター効果が働いているため，河口域周辺の海底には多量の有機物質などが滞留・蓄積しやすい環境にある．

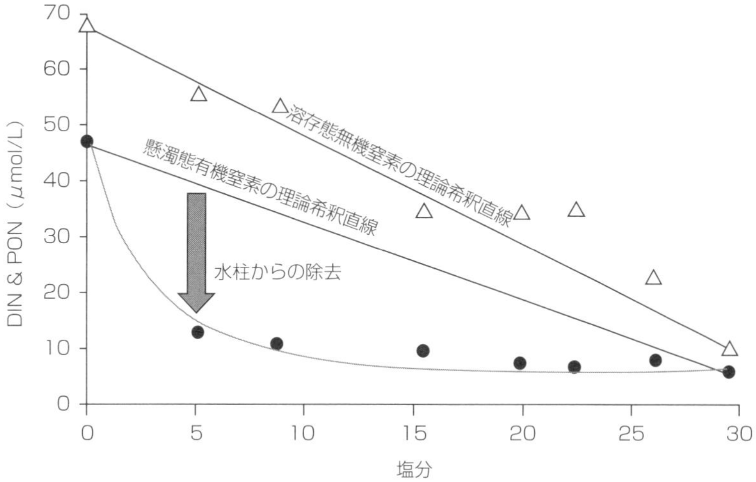

図 8.2　高松市新川・春日川河口域における溶存態無機窒素（DIN：△）と懸濁態有機窒素（PON：●）濃度の挙動

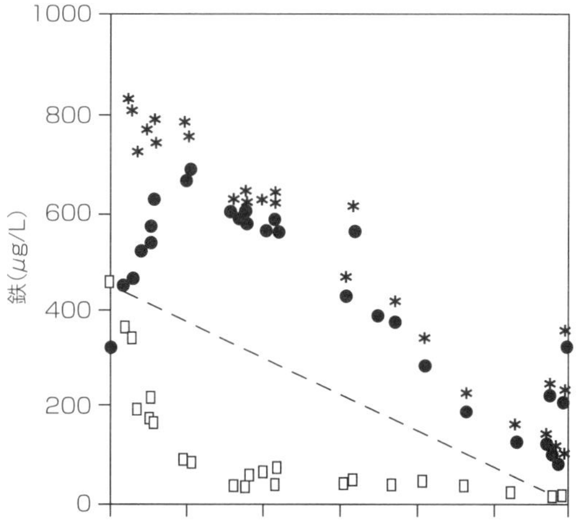

図 8.3　河口域における溶存態鉄（□），粒子態鉄（●）および全鉄（＊）濃度の挙動（Wilke and Dayal（1982）を改変）
破線は理論希釈直線を示す．

8.2　干潟とその機能

8.2.1　干潟とは

海域では月と太陽の引力によって潮位差が生じ，およそ24時間50分に2回の干満周期をくり返している（3.1.2参照）．**干潟**（tidal flat）はこの干満周期によって干出と水没（冠水）をくり返す非常になだらかな勾配をもつ空間である（口絵4）．この干潮時と満潮時の潮位差は地域によって大きく異なっており，潮位差が大きい地域ほど大きな干潟が形成されやすい．わが国では一般的に西日本の太平洋側で潮位差が大きく，広大な干潟も関東地方以西の太平洋側に集中している．干潟はその形成条件によって主に3つのタイプに分けられている（図8.4）．「**前浜干潟**」は遠浅の海や河口から沖合にかけて形成される広大な干潟であり，比較的きれいな砂質であることが多い．「**河口干潟**」は文字通り河口部に形成され，その底質は河川から流入してくる砂泥や懸濁粒子の質に大きく左右される．また，「潟湖干潟」は河口部や海岸から入り込んだ潟に形成される．

8.2.2　生産の場としての干潟

干潟の一次生産者はどのような生物であろうか？　アオサに代表される大型藻類が繁茂する干潟も見受けられるが，その生産効率や消費者の利用度を考慮するとその主役は**微細藻類**（microalgae）である．干満周期に合わせて沖合から浮遊性の植物プランクトンが流出入する一方で，干潟の堆積物表層にはたくさんの**底生微細藻類**（benthic microalgae）が生息し，干潟域の生物生産を支えている．これらの中で最も普遍的に観察されるものが*Navicula*属や*Nitzschia*属などの底生珪藻（羽状目珪藻）で，その多くが堆積物の間隙や粒子の表面に付着して生息している（図8.5）．

河口干潟では河川から豊富な栄養塩類が供給されるとともに，底質の分解作用によって栄養塩類が絶えず再生されている．冠水時においても水深が非常に浅いため，長時間にわたって十分量の太陽光が干潟の表面に降り注ぐ．このような理由から，表層堆積物中の有光層がせいぜい数mm程度であるにもかかわらず，水深が数十mあるような沖合域と同等か，それ以上の一次生産量を示す．さらに，底生微細藻類の活発な光合成による酸素供給は，堆積物表層の酸化的環境を維持するために重要な役割をはたしている．干潟域は二次生産，三次生産も含めて，非常に生物生産性が高い場であるが，これは豊富な光と栄養塩類の存在に起因している．

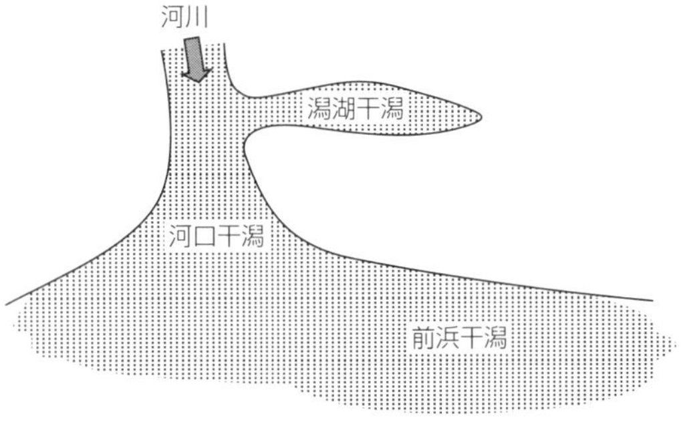

図8.4　様々な干潟

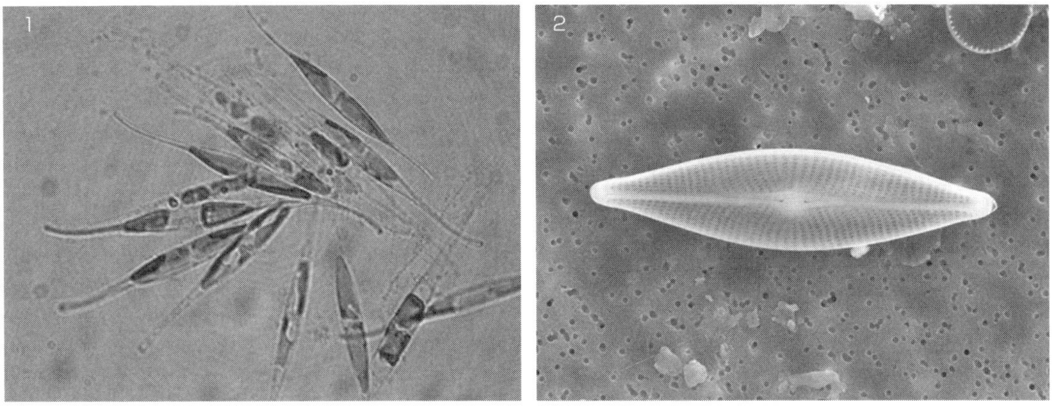

図 8.5 干潟に生息する底生珪藻
1. *Nitzschia* 属, 2. *Navicula* 属.

8.2.3 分解の場としての干潟

干潟域は「生物生産の場」として長けているが，これと同時に優れた「有機物の分解の場」であり，沿岸海域の物質循環を助長する機能をもっている．干潟が，隣接する沿岸海域に対して，栄養物質（窒素・リン）の吸収源（sink）になっているのか，供給源（source）になっているのかについてこれまでに多くの議論がなされてきたが，定常状態にある干潟では，干潟へ流入する，あるいは干潟から流出する一年間の物質量は近似すると考えられる．

表 8.1 は河口干潟において見積もられた，干潟を介した河川－海域間のリンの収支である．一年間に河川から干潟へ負荷された全リン（TP）量は 15.63 t であり，干潟から海へ流出した全リン量もそれと類似した 14.71 t である．すなわち，河川から干潟に負荷された量とほぼ同量のリンが海へ流出している．一方で，河川から負荷されたリンの内訳（溶存態無機リン：PO_4 と懸濁態リン：PP）を見ると，PO_4（7.87 t）と PP（7.54 t）がおおよそ 1：1 であるのに対し，海へ流出したリンはそのほとんどが無機態の PO_4（14.39 t）である．このことからも，干潟が沿岸海域において「有機物の分解の場（無機化の場）」として機能していることがわかる．

干潟には二枚貝や多毛類をはじめとした多くの底生生物が生息しており，非常に大きな生物生産性を示す一方で，これら大型底生生物の摂食・捕食作用とバクテリアの活動により干潟に存在

表 8.1 高松市新川·春日川河口干潟域における溶存態無機リン（PO_4）と懸濁態リン（PP）の収支（一見ほか（2011）を改変）

	河川からの負荷量（t）			海への流出量（t）		
	PO_4	PP	TP	PO_4	PP	TP
春・夏期（4～9 月）	7.73	6.52	14.29	6.27	－3.42	2.85
秋・冬期（10～3 月）	0.14	1.02	1.34	8.12	3.74	11.86
年間合計	7.87	7.54	15.63	14.39	0.32	14.71

TP は両者を合計した全リン

する有機物質を強力に分解している．したがって，河口域周辺の物質循環が円滑に機能するには，河口部に「自然の浄化槽」と呼ばれる干潟が存在することは非常に重要である．

8.3 藻　場

沿岸海域において十分量の光が存在する岩礁帯や砂浜域では**海藻類**（seaweed）や**海草類**（seagrass）が生息し，繁茂した海藻・草類が群落を形成する場を特に藻場と呼ぶ．藻場には大きく分けて**海藻藻場**（seaweed bed）と**海草藻場**（seagrass bed）があり，海藻群落はアラメ場，ガラモ場，コンブ場が，海草藻場としてはアマモ場が有名である．海藻類は根，茎，葉に分化しておらず，藻体全面で栄養塩類を吸収し，光合成に必要な植物色素も藻体の全体に分布している．一方，海草類のアマモは，陸上のイネ科植物と同様の草本で，胞子から成長する海藻とは異なる種子植物である（図8.6）．

アマモは葉からも栄養塩類を摂取できることが知られているが，海底に地下茎を張りめぐらし，主として根から栄養塩類を吸収している．非光合成器官の占める割合が多い陸上植物と違って，海藻・草類は藻・草体のほぼ全体が光合成組織であることから，陸上植物と比較して純生産量が圧倒的に多い．現存量が大きいことからも，活発な光合成が行われる昼間には周辺海域への大きな酸素供給源になっている．

このように藻場は非常に高い一次生産量を示すが，微細藻類のように一次消費者によって速やかに利用され，また分解・再利用される一次生産者とは立場が異なる．海藻類は幼芽期に巻貝やウニなどによって盛んに摂食されるが，大きく成長した後は一部の草食性魚類などに摂食されるのみで，生体のまま利用されることは少ない．海草も同様で，これらを好んで摂食するのはジュゴンやハクチョウといったごく一部の大型生物である．海藻・草類の光合成産物は主として**腐食**

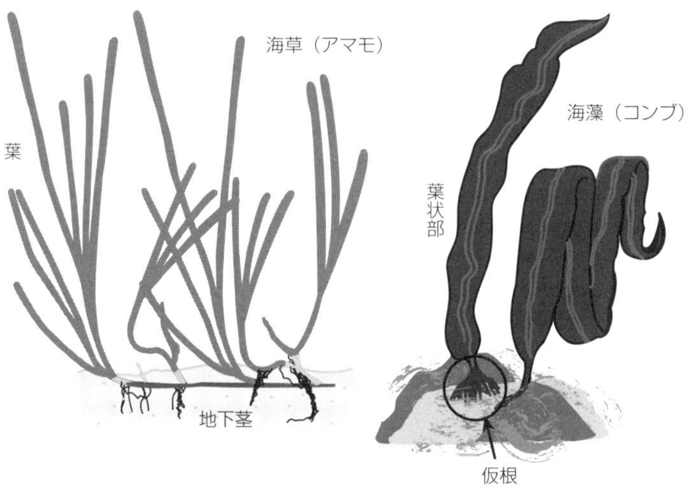

図8.6　海草（アマモ）と海藻（コンブ）

食物連鎖（detritus food chain）に利用される．腐食食物連鎖は枯死した植物体やデトライタスをバクテリアが利用することから出発する食物連鎖で，植物プランクトンの生体から出発する生食食物連鎖（2.2 参照）とは異なる．海藻・草類による一次生産が，上位栄養段階生物の生産にどの程度寄与しているのかまだよくわかっていないが，いずれにしても沿岸海域における藻場の役割は，一次生産者としての機能だけではなく，別の重要な生態学的意義をもつ環境として見られることが多い．海藻・草類に取り込まれた窒素やリンといった栄養物質は，海藻・草類が成長し，枯死・分解されるまでは藻・草体として固定されている．したがって，大量の栄養物質が一定期間，海藻・草類として保持されることで，沿岸海域の栄養塩循環に影響を及ぼすことになる．また，藻場は様々な魚介類の産卵の場であり，幼稚魚の餌場あるいは捕食者からの逃避場でもあることから生命を育む場所という意味で，「海のゆりかご」と呼ばれている．海藻・草類が脱落し，それらが海面を漂うことで生じる流れ藻も，その一つである．

第9章　海底堆積物

9.1　堆積物の成因と分布

海底堆積物は，陸からの距離と水深を基準にして，外洋性堆積物と沿岸性堆積物に大きく分類される．また，海底堆積物は，その成因により大きく三つに分類される．すなわち，岩石起源（風化残留物），生物起源，海水起源（自生鉱物）の三つである．

岩石起源のものは，陸上の岩石が細かく砕かれ水や大気によって海に運ばれたものを指す．過去には河川から運び込まれたものが大部分とされてきたが，次第に空輸物質が大きな割合を占めることがわかってきた．

生物起源のものは，水柱で生産された粒状物が分解を受け沈降していくが，未分解のものが海底まで到達し，さらに底泥直上での分解も免れたものが堆積物中に埋没したものである．大洋の堆積物中では生物起源のもので最も多い成分は，炭酸カルシウムと無定形シリカである．外洋では生物起源のケイ酸質堆積物（非晶質ケイ酸含量が30％または50％以上）と石灰質堆積物($CaCO_3$ 含量が30％または50％以上)が，面積的に広い部分を占めている．図9.1に示すように，ケイ酸質堆積物は，湧昇域や南極周辺海域の沖合など，生物活動が活発な海域に多く見られる．生物起源の石灰質堆積物の分布も，水柱の生物活動による影響を受けている側面がある．ただし，

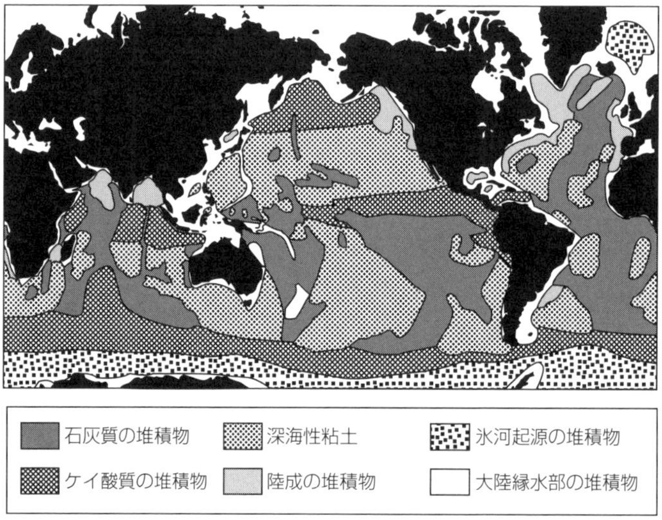

図9.1　海底堆積物の分布（渡辺（2012）と西村ら（1983）を参考に作成）

$CaCO_3$ の供給速度と溶解速度（温度および圧力に影響される）とのバランス関係から，生物起源の石灰質堆積物は比較的浅い海域に形成されやすく，深い海では形成されにくい．

海水起源のものとは，量的には少ないが，海水に溶けている物質から主として非生物過程でできる固層である．その例としては，マンガン団塊が挙げられる．還元型のマンガン（Mn^{2+}）は溶けやすいが，酸化態（二酸化マンガン MnO_2）は溶けにくいため，堆積物の酸化還元環境が変化した際に形成されることがある（コラム⑩参照）．

9.2　堆積物を構成する粒子

海底の堆積物粒子は，粒径により大きいほうから，**礫**（gravel），**砂**（sand），**泥**（mud）に分類される．粒径が 2 mm よりも大きいものを礫という．また，砂に分類されるものはその粒径が 1/16 mm（63 μm）〜 2 mm までのものであり，砂より粒径の小さいものを泥という．また泥は，さらに細かく分類され，1/256 mm（4 μm）〜 1/16 mm（63 μm）のものが**シルト**（silt），それ以下のものが**粘土**（clay）とされている（表 9.1）．以上のように，堆積物の粒子の大きさを**粒度**（grain size）という．また，粒度組成とは，底質を構成する土粒子径の分布を，全体に対する重量の百分率で表したものである．一般に粒子の径が小さいほど単位重量当たりの粒子の表面積が大きいため，有機物や重金属が吸着されやすくその含有率は高くなる．

表 9.1　堆積物の粒径による分類

粒径	堆積物	
2 mm ＜	礫	
1 〜 2 mm	砂	極砂
1/2 〜 1 mm		粗砂
1/4 〜 1/2 mm		中砂
1/8 〜 1/4 mm		細砂
1/16 〜 1/8 mm		極細砂
1/256 〜 1/16 mm	泥	シルト
1/512 〜 1/256 mm		粘土

以上，海洋の堆積物の成因と堆積物を構成する粒子について解説したが，低次生産過程に関係するような堆積物中で起きている有機物分解や物質循環について，沿岸の堆積物を例に見てみることにする．

9.3　沿岸堆積物中に生息する生物

第 2 章に述べたように，底質に生息する生物を総称してベントス（底生生物）という．ベントスは，大きさによって，**マクロベントス**（macrobenthos：体長が 1 mm 以上），**メイオベントス**（meiobenthos：0.1〜1 mm），**ミクロベントス**（あるいは**マイクロベントス**）（microbenthos：0.1 mm 以下）に分類される．マクロベントス，メイオベントスは動物とし

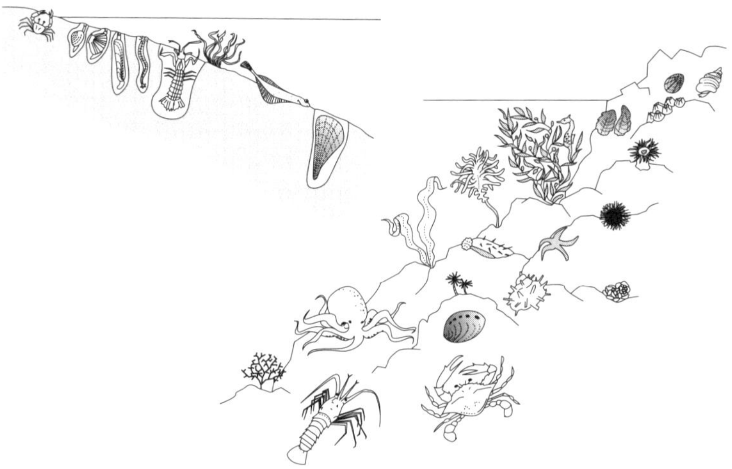

図 9.2　沿岸に生息する大型のベントス

て扱われるが，ミクロベントスは微生物に分類される場合もある．また，体長が cm サイズ以上のものを**メガベントス**（megabenthos）と呼んで区別することもある．マクロベントスは二枚貝や巻貝などの腹足類，ゴカイなどの多毛類，ウミグモなどの節足動物，ヨコエビや底生カイアシ類などの甲殻類など多彩な生物が含まれる（図 9.2）．メイオベントスには，ソコミジンコなどの甲殻類や線虫類，棘皮虫類，あるいは小型の渦虫類など様々なものを含むが，サイズによる区分なので，マクロベントスの幼稚体なども含まれる．ミクロベントスには，バクテリアや藍藻類などの原核生物および単細胞の原生動物などが含まれ，底生微細藻類もこの範ちゅうに属する．また，メガベントスには，大型海藻類やアマモなどの維管束をもつ海草類，魚介類などが含まれる．

9.4　沿岸堆積物の堆積と年代測定

海洋では，水柱の粒状物質が海底に向かって沈降して積もっていき堆積物となる．堆積物は長い時間をかけて形成されるものであることから，堆積物の深さは時間軸であり，古い堆積物ほど下層にある．堆積物は，陸起源物質に加えて，水中生物の遺骸や人為汚染物質を含んでおり，海域の環境変化や汚染は，時代的に順序よく堆積物に保持されている．このような堆積物に年代を当てはめることができれば，海域環境の変化や海域汚染の歴史を明らかにすることにもつながる（図 9.3）．

堆積物の数 m 程度の年代測定には，放射性鉛（^{210}Pb）法，火山灰法，放射性セシウム（^{137}Cs）法が用いられる．第3章で述べたように，水塊の年齢決定に使用される ^{14}C の半減期は5730年と非常に長いが，数十年から数百年程度の堆積物の年代測定を行うためには，半減期が22年の放射性鉛（^{210}Pb）がよく用いられている*．水中の粒状物は海底に次々に積もっていくが，それ

* 外洋域では堆積物の年代測定に ^{14}C 法も用いられる．その堆積速度は太平洋の中央部の深海底では1000年で1mm程度である．

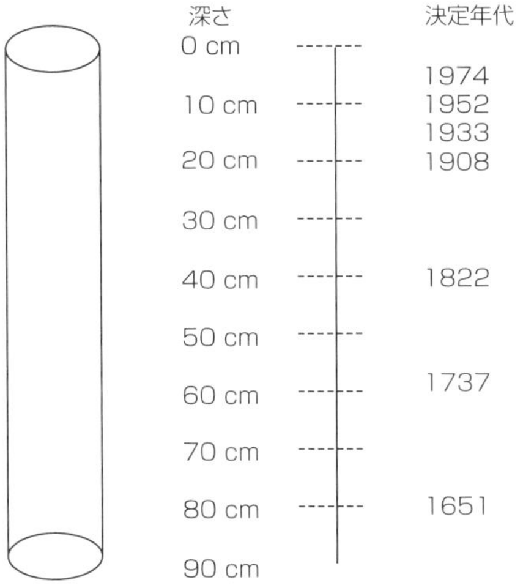

図 9.3　瀬戸内海東部海域（播磨灘）で採取された柱状の堆積物とその年代測定結果（^{210}Pb 法による）

らの粒子に吸着された ^{210}Pb は堆積物に埋没後には供給がなく時間の経過とともに放射性壊変で減る一方であり，堆積物の下の層ほどその含量は少なくなる．なお，^{210}Pb 法で測定された日本の代表的な沿岸海域である瀬戸内海の東部海域では，その堆積速度は 0.2～0.8 cm/年程度である．火山灰法は，柱状堆積物試料の層から火山灰を見つけ出し，火山灰の特徴からその火山灰をともなう大噴火を推定し，堆積層の年代を決定する方法である．また，^{137}Cs 法は，原水爆実験により放出された半減期 30 年の放射性 ^{137}Cs を用いる方法である．1954 年の米国によるビキニ環礁での水爆実験に始まり，1963 年 7 月の米英ソ 3 国の部分的核実験停止条約の成立まで，大気圏内の核実験が実施され，大量の放射性物質が地表に降下しており，堆積物試料の ^{137}Cs が見い出される層を 1954 年，ピークを 1963 年とする．

9.5　沿岸堆積物の有機物含量と有機物分解

一般に水深の浅い沿岸海域の堆積物中には深い海に比べて未分解の有機物が多量に存在する．堆積物の表層部に含まれる有機物は，沿岸堆積物では有機炭素量で乾燥試料の数%である（深海堆積物では 0. 数%程度）．有機物含有量（有機態炭素・窒素）は表層で高く，ある深度まで深さとともに減少し，それ以深ではほぼ一定の値を示すことが多い（図 9.4）．堆積物中の有機態炭素と有機態窒素の鉛直分布を比べると，その C/N 比は沿岸域では 8～11 程度であり，深さとともに増加する．これは，堆積物中では，有機態炭素よりも，有機態窒素のほうが速く分解することを示している．

海底堆積物が堆積後に化学的・物理的・生物学的変化を受けて堆積岩になる過程を総称して**続成過程**（diagenesis）といい，特に，堆積物の表層数 m の中で生じる変化を初期続成過程あるいは続成作用と呼ぶ．海底堆積物中の有機物が堆積後にバクテリア等による分解を受ける過程は

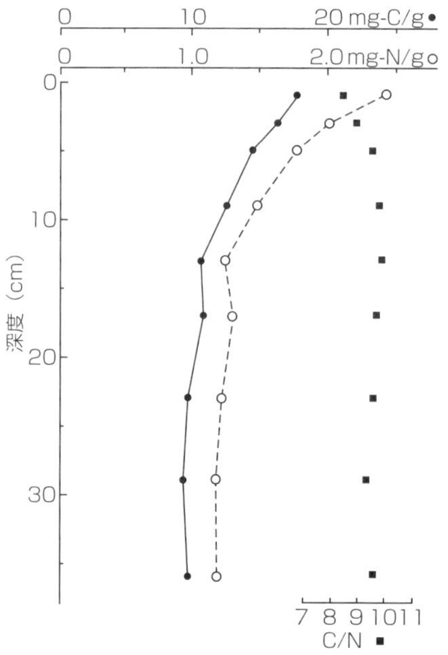

図 9.4　瀬戸内海東部海域（播磨灘）中央部の観測点における堆積物中の全有機態炭素・窒素の鉛直分布

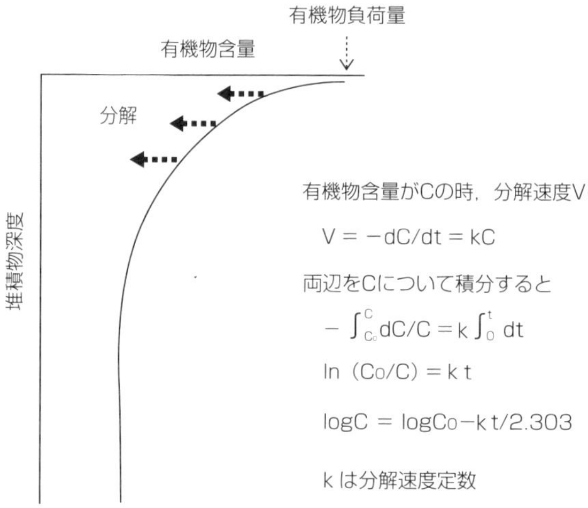

図 9.5　柱状堆積物中に含まれる有機物の分解過程

一次反応と考えられるので，水柱からの有機物負荷量が一定である場合，その鉛直分布は堆積物表層から深度とともに指数関数的に減少することが予想される（図9.5）．特に水深が浅く生物生産や汚染物質の流入の盛んな河口域や沿岸の生態系では，堆積物中の微生物の働きが非常に重要である．

9.6 海底堆積物の酸化・還元環境

堆積物の粒子の隙間に含まれる水を**間隙水**（pore water あるいは interstitial water）というが，表層堆積物中における有機物の分解等にともなって，その間隙水中の酸素が減少し，それにともない堆積物－間隙水間では，様々な酸化還元反応や鉱物の生成反応が生じている．通常，底層水には表層海水から酸素が供給され，その後も底層水を通してわずかな酸素が堆積物中へ拡散移動してくる．堆積物中には，このような溶存酸素が存在し，それが酸化還元環境を支配している．一方，堆積物中の有機物が分解される時には，周辺の酸素が消費される．そこで，酸素の供給が追いつかなければ酸素が不足し，酸素以外のものを利用する生物，すなわち酸素を必要としない代謝プロセスを駆動させる細菌（バクテリア）によって有機物は分解されるようになる．これらのバクテリアは特定の化学種（電子受容体）を利用する嫌気的呼吸を行う．堆積物中で無酸素に近い状況下になると，好気的呼吸は成立しなくなり，酸素を必要とする生物は生息できなくなる．これを嫌気的環境，あるいは還元環境と呼んでいる．

海洋では，還元的な状態が進行するにしたがって量的に重要でない成分を除けば，**酸化還元電位**（Eh）（redox potential あるいは Oxidation-Reduction Potential：ORP）の大きなものから順に，硝酸，マンガン酸化物，鉄，硫酸，炭酸を利用する細菌が順次活動する（表 9.2）．酸化還元電位とは，溶液の酸化力または還元力の強さを表す値であり，酸化還元電位（Eh）の値が大きいほど，酸化力が強い．一般に酸化層と還元層の境には酸化還元電位が急激に低下する層がある．堆積物表層の酸素の分布は，底生生物群集の分布や代謝活性に大きな影響を及ぼしており，酸化層から還元層にかけて，酸化還元電位，溶存酸素および各種の化学種の濃度を測定すると，酸素濃度の変化に対応して特徴的な鉛直分布を示す（図 9.6）．この中で，硝酸を電子受容体として利用し亜硝酸を生成する細菌を硝酸還元菌，また，硫酸を利用し硫化水素を生成する細菌を硫酸還元菌と呼ぶ．硫酸還元菌は還元的環境がかなり進行し，酸素がほとんどなくなってから活動を始めるため，生成物である硫化水素を測定することにより，海底の酸化的，還元的雰囲気の情報を得ることができる．なお，淡水の池底などではメタンガスが発生することもあるが，硫酸イオンが比較的多く存在する海洋環境ではメタンガスが発生するほど強い還元環境にはならない．

海洋堆積物の色は緑色から茶色系まで様々であるが，これには堆積物の化学組成よりも，むしろ酸化還元環境が大きく影響しており，その主要因は鉄と考えられる．堆積物表層の酸化層では酸化鉄が存在するために黄褐色を呈し，酸化還元電位が高い．一方，還元層では黒みがかった灰色を呈しており，分子状酸素は存在せず酸化還元電位はきわめて低い．

表 9.2　海洋の酸化還元によって変化する元素（量的に重要なもの）

酸化型		還元型	
NO_3^-	→	NO_2^-	硝酸還元
MnO_2	→	Mn_2^+	マンガン酸化物の還元
$Fe(OH)_3$	→	Fe^{2+}	鉄の還元
SO_4^{2-}	→	HS^-	硫酸還元
HCO_3^-	→	CH_4	炭酸の還元（メタンの発生）

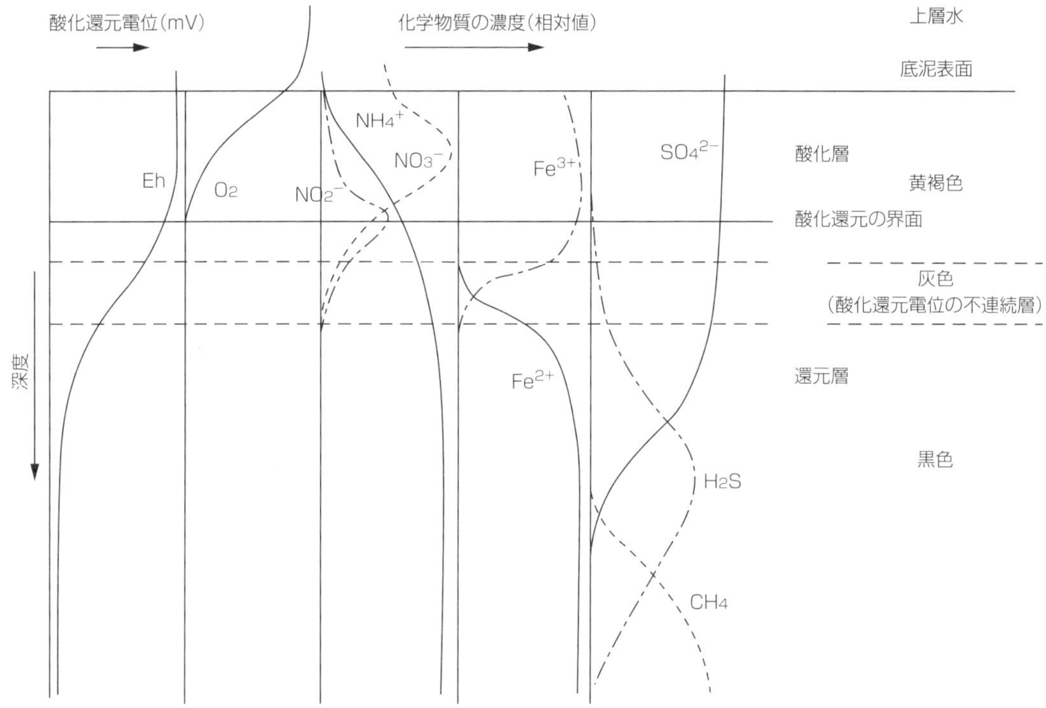

図 9.6　底泥における酸化還元電位（Eh）および微生物群集のエネルギー代謝に関係する化学物質（最終電子受容体およびそれらの生成物など）の濃度の鉛直分布（佐山・栗原，1988）

9.7　海底堆積物からの栄養塩の回帰

前述のように，堆積物中の有機物はバクテリア等によって分解を受け，その後，無機化されたものの一部は堆積物の間隙水を経て拡散等により，海水中へと回帰されることになる．つまり，生成された窒素やリンなどの栄養塩の一部は，間隙水を通して底層水に溶出し，さらに海水の鉛直拡散や攪乱混合により有光層まで運ばれて，再び植物プランクトンの増殖に利用されることになる．すなわち，海底の堆積物は，海洋表層部で植物プランクトンにより生産された有機物等の分解の場であり，同時に有機物が無機化（栄養塩が再生）される場でもある．特に，水深の浅い閉鎖性の強い沿岸域などでは，堆積物からの栄養塩の溶出が水圏の富栄養化を進行させる重要な要因となっている．

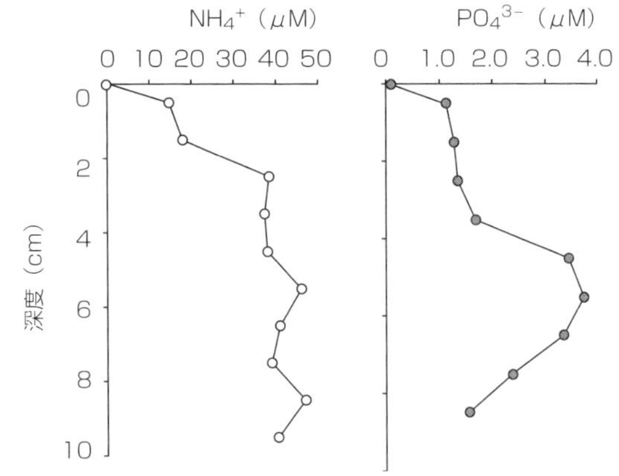

図 9.7 香川県の沿岸域における堆積物間隙水中の NH_4^+，PO_4^{3-} 濃度

有機物の分解により間隙水中に物質が溶け出し，間隙水中を移動するのは，主として，水や溶質分子の拡散現象である．図 9.7 に沿岸域の堆積物間隙水中の NH_4^+，PO_4^{3-} 濃度の鉛直分布を示した．拡散により移動する分子の動きは，間隙水中の濃度勾配と拡散係数により求めることができ，鉛直方向のみの移動を考えると，フィック（Fick）の第一法則に基づいて次式で示される．

$$F = \phi D(\Delta C/\Delta Z) \tag{9.1}$$

ここで，F は単位時間，単位面積当たりの拡散による移動量（フラックス）である．ϕ は堆積物の空隙率，D は拡散係数で〔面積〕/〔時間〕の次元をもつ．なお，拡散係数は各分子に固有のものであり，堆積物の空隙率は，沿岸のヘドロ状の堆積物では 0.9 以上，外洋でも表層堆積物では 0.7（含水率 50％）～ 0.8（含水率 60％）程度である．また，下層の堆積物では水が押し出され，空隙率は減少する．また，C は濃度で Z は深さであり，$\Delta C/\Delta Z$ は，ある物質の間隙水中での濃度勾配である．つまり，ある物質のフラックスを示す式（9.1）は，拡散係数と濃度勾配の積ということになる．したがって，間隙水中のある物質の濃度勾配が大きいほどそのフラックスは大きくなる．逆に，鉛直方向に一定の濃度であるなら，いくら分子が動いても拡散による物質移動はないことになる．

ところで，堆積物中に存在する有機物の形態は様々であり，速やかに分解されて水中に回帰するものもあるが，難分解性のものもあり，その大部分が分解されるには長い時間を要する．ここでは，堆積物表層における物質循環過程について，以下に窒素やリンに注目してみてみよう．

9.7.1 堆積物表層における窒素の分解と挙動

粒状の有機態窒素化合物（PON）が堆積物表層に沈降・堆積してから無機態窒素（DIN）にまで分解され，堆積物中から直上水（堆積物直上の海水：overlying water）中へと溶出してゆくまでの一連の過程についてはまだ不明な点も多いがその概要についてみてみる．堆積した

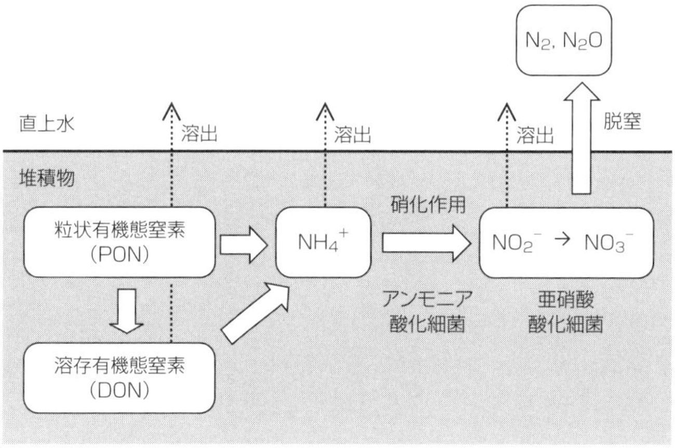

図 9.8　海底堆積物表層における有機物分解と無機態窒素

PON は，単純に分解を受けて減少するわけではなく，一部の PON は穴を掘って堆積物中を移動する底生生物による生物攪乱や，各種底生生物の摂食や糞の排出などを含めた生物作用を受ける．また，その一部には表層堆積物が再び再懸濁した際に直上水へ移行しその場から流れ去るものもある．堆積物表層に沈降・堆積してくる有機物のうち，易分解性の有機物は沈降してくるまでの間にすでに分解・無機化されていると考えられるので，堆積物表層の PON を構成するのは比較的難分解性の高分子化合物（例えば高タンパク質など）であると考えられている．これらの PON はバクテリアなどの作用により低分子の溶存有機物（DON）に加水分解，あるいは，アンモニア態窒素（NH_4^+）にまで無機化される（図 6.12 参照）．再生された NH_4^+ は，堆積物粒子に吸着したり，その場のバクテリアに同化される．また，間隙水中に溶存している NH_4^+ の一部は，アンモニア酸化細菌の作用により，亜硝酸態窒素（NO_2^-）に酸化され，さらに，亜硝酸酸化細菌の作用により硝酸態窒素（NO_3^-）に酸化される（図 9.8）．しかし，通常，堆積物表層では，酸素濃度は十分ではなく，NH_4^+ 濃度が高い場合が多い．このように，堆積物表層の NH_4^+，NO_3^- および NO_2^- の濃度は，その場の酸化還元状態に応じた窒素循環により可逆的に変化している．そして，基本的には，その結果形成される水－堆積物界面近傍の濃度勾配に対応して，窒素化合物の水－堆積物の溶出速度が決まっていると考えられる．

9.7.2　堆積物表層におけるリンの分解と挙動

リンについては，粒状の有機態リン（POP）が堆積物表層に沈降・堆積してから無機態リン（DIP）にまで分解される過程で生成する化学種が，リン酸態リン（PO_4^{3-}）だけであり，無機態窒素化合物（DIN）のように，その場の酸化還元状態に応じて PO_4^{3-} が変化することはない．しかしながら，堆積物から堆積物直上水へのリンの溶出は，底層海水の酸素濃度が大きく影響する．堆積物中のリンは，酸化環境下では堆積物中に吸着され，還元環境では溶け出す．そのため，堆積物の下層で再生されたリンが間隙水中を移動して堆積物表層まで運ばれてきても，表面の酸化層にとらえられたり，非定常的に底層水に溶け出す．すなわち，堆積物中で各種有機態リンが分解されて生成したリンは，堆積物の表面に吸着，あるいは堆積物中の鉄（Fe），アルミニウム（Al），カルシウム（Ca）などの金属と結合して無機態化合物として存在していると考えられている．このうち，Fe 結合態や Al 結合態のリンは酸化的条件下では溶出しないが，嫌気的条件下では溶出する性質をもっている．この酸素濃度に対する強い依存性は，主に不溶性のリン酸第二鉄（$FePO_4$）が嫌気的状態で生じる硫化水素と反応して可溶性のリン酸第一鉄（$Fe_3(PO_4)_2$）に還元され，リン酸イオンが放出されることによると考えられている．

このように，堆積物中のリン含有量の高い沿岸海域の堆積物からは，底泥表面が好気的な時はリンがほとんど溶出せず，逆に嫌気的状態になると大量に溶出することとなる．このことは，富栄養化した内湾では，特に，夏季に底層が貧酸素状態になった際に，大量のリンが海水に回帰することを示している．

コラム⑩【マンガン団塊】

英語で，ferro-manganese nodule という．海水に溶けている物質から主として非生物過程でできる固相の代表例．成因は，岩片やサメの歯などが核になり年輪状に長い年月をかけ金属が沈殿したとする考えがある．鉄とマンガンの酸化物が主成分で，これに銅，コバルト，ニッケルなどが含まれている．深海産のマンガン団塊の物理的形状（塊状，板状，表面の滑らかさ）は多様で，化学組成も地域により異なる．水深 4000 m 以深の海底に存在する．陸上での有用金属が枯渇した時に，これらの有用金属を採取することが期待され，深海鉱物資源として重要である．

付録　植物プランクトン分離株を用いた培養実験

海洋の低次生物生産過程を理解するには，現場の海洋観測を行うと同時に，植物プランクトンの培養株を用いた室内培養実験を行うことが有用である．植物プランクトンの培養実験を通して，彼らの増殖にかかわる生理を知ることができるが，培養実験を行うにあたって必ず守らなければならない基本ルールがある．植物プランクトンの増殖には，水温，光，栄養塩濃度をはじめとして，その増殖に影響を与える環境因子が非常に多いため，試験の目的となる環境因子以外の項目については，すべて十分な条件が満たされていなければ，実験の意味をなさない．例えば，栄養塩制限下における植物プランクトンの増殖を調べる場合に，十分な光量が与えられていなければ，実験の結果は無意味なものとなってしまう．また，窒素源が制限された条件下で植物プランクトンの増殖を調べる場合には，他の栄養塩類（リンやケイ素など）が十分量存在していなければ実験の目的は達成されない．

植物プランクトンの生理学者として著名な元ブリティッシュ・コロンビア大学（カナダ）の故Paul J. Harrison教授は，研究室で長年にわたって行われてきた培養実験のルールを「Culturing Tips（培養のコツ）」としてまとめている．植物プランクトンの増殖生理にかかわる実験を行う際の手引きとして，参考にされたい．なお，著者らの研究室で用いている処方も一部付記している．

1）Medium（培地）

使用する培地の内容が，すでに論文等に報告されたものであっても，窒素（N），リン（P），ケイ素（Si）の濃度は明示すべきである．天然海水をオートクレーブ滅菌（通常は120℃，20分）すると，空冷した後にかなりの確率で沈殿が生じる．この沈殿は，滅菌中に海水中のCO_2が失われ，pHが上昇するために生じるものと思われる．沈殿はオートクレーブ滅菌を行う前に，天然海水のpHを4～5まで下げることにより避けることができる．また，海水を90～95℃で12時間置くことによって沈殿の生成を避けることができる．生成した沈殿の対処としては，孔径0.2 μmのフィルターでろ過する方法もあるが，大量にろ過する場合は，非常に長い時間を要する．孔径0.45 μmのフィルターではすべてのバクテリアを除去することはできない（おそらく，全バクテリアの50％程度）[著者注1)]．

2）Stirring（攪拌）

攪拌は特に珪藻類を培養する時に必要である[著者注2)]．ただし，鞭毛藻類(特に外殻をもたない種)については注意が必要で，なるべく大きな回転子を用いてゆっくり攪拌するとよい（60～

著者注1)　海水にトリス緩衝剤を添加し，希塩酸でpHを8前後に調整した後，オートクレーブ滅菌することによっても沈殿の生成を避けることができる．またトリスの添加を嫌う植物プランクトン種も存在するため，低温殺菌（65℃，1時間）を行うやり方もある．この方法でも沈殿の生成は見られない．

120 rpm 程度）．また，円石藻類（ココリス）の殻は攪拌によって破壊されてしまうこともある．一般的に，エアレーションによる攪拌では十分ではない．

3）Acclimation（馴致）

強光と弱光，あるいは高温と低温における増殖特性を比較する場合，弱光あるいは低温に試験株を慣れさせるために長い時間を取ることが必要である．例えば，強光下における増殖速度が弱光下の 2 倍であれば，弱い光では 2 倍の馴致時間が必要である．馴致には少なくとも 2～5 世代時間（分裂回数として）を必要とするが，できる限り 6 世代以上の馴致時間を心がけたい．

4）Triplicates（3 連で実験を）

すべての実験操作を 3 連で行うことが望ましい．3 連で行うことにより，実験区と対照区との差が有意であるかどうかの統計処理が可能となる（一般的には $P < 0.05$，$P < 0.01$ などの有意水準で表す）．常に対照区を設置することが重要である．

5）Irradiance（光）

光強度に対する増殖応答を検証する実験でない場合は，光強度を少なくとも 100 μmol/m^2/ 秒（大量培養や細胞密度が著しく高くなる培養では，もっと高く！）にすべきである．これは光量不足による増殖速度の低下を避けるためである．また光の照射は，連続照射か明暗周期のいずれかで行う．明暗周期をともなった培養実験で経時的な試料採取を行う場合は，明暗周期のどの時点で試料の採取を行ったのか明示すること．

6）Temperature（水温）

水温とその変動範囲（±）を明示すること．光強度や栄養塩濃度に対する増殖速度を検証する実験は，通常，その植物プランクトンの最大増殖速度が得られる水温，あるいは現場海域で頻繁にブルームを形成する水温帯で行われる．

7）Growth phase（増殖期の見きわめ）と Sampling（試料採取）

試験株がどの増殖期にあるのかについては，細胞密度あるいはクロロフィル蛍光値を経時的にモニターし，その対数値を培養時間に対してプロットすることによってのみ決定される．このようにして描かれた増殖曲線から，誘導期，対数増殖期，定常期を判断する．また培地から試料を採取する場合は，増殖期のどの段階で試料を採取したのか明示すべきである．

8）pH

細胞収量を極力増やしたい場合は，細胞密度が高くなってから毎日 pH を測定すべきである．もし pH が 9 を超えている場合には炭素源不足が起こり得る．その際には，HCO_3 を 2 mM に

著者注 2)　単に培養株を保存するための維持培養時には，通常，攪拌を必要としない．

なるまで加えるか，5％ CO_2 で曝気する必要がある．

9）Bacteria free（バクテリアの完全除去は困難）

栄養塩類の取り込み実験などはバクテリアの存在が実験結果に大きく影響し得る．バクテリアの汚染を完全に避けることは難しいが，実験を行った培地がbacteria free（あるいはきわめて低密度）かどうか疑わしい時には，実験終了後に蛍光染色（アクリジンオレンジあるいはDAPI）して蛍光顕微鏡で確認する必要がある．

「Culturing Tips」を記したHarrison教授と著者（多田邦尚）

参考文献

第１章

中村桂子・松原謙一（監訳），Alberts, B., Bray, D., Lewis, J., Raff, M., Roberts, K., Watoson J.D.（著）（1987）：「細胞の分子生物学（Molecular Biology of the Cell）」，教育社.

西村雅吉（編），角皆静男・乗木新一郎（著）（1983）：「海洋化学－化学で海を解く－」，産業図書 .

第２章

古谷　研（2012）：恵みを生み出す海洋生態系，「海洋保全生態学」白山義久，桜井泰憲，古谷　研，中原裕之，加々美康彦（編），講談社.

Nixon, S.W.（1988）：Physical energy inputs and the comparative ecology of lake and marine ecosystems, Limnology and Oceanography, 33, 1005-1025.

農林水産省・漁業養殖業生産：http://www.maff.go.jp/j/tokei/kouhyou/kaimen_gyosei/index.html

岡市友利（1978）：植物プランクトンによるアミノ酸の生産とその生態学的意義,「微生物の生態（3）」学会出版センター.

關　文威（監訳），長沼　毅（訳）（2006）：「生物海洋学入門（第２版）」講談社.

谷口　旭（1986）：海とプランクトン②，海洋と生物，8，162-167.

谷口　旭（1995）：海の生態系とはなにか,「海の生産力と魚」谷内　透・平野禮次郎（編），恒星社厚生閣.

谷口　旭（1996）：海洋環境と漁業資源の更新性，農林水産技術研究ジャーナル 19，22-27.

東京大学海洋研究所（編）（1997）：「入門ビジュアルサイエンス海洋のしくみ」日本実業出版社.

上　真一（1996）：2.3.4. 基礎生産から魚類生産への転換,「瀬戸内海の生物資源と環境」岡市友利・小森星児・中西 弘（編），恒星社厚生閣.

渡邊良朗（2012）：海の生産力に依存する水産業，海洋政策財団ニューズレター 296.

Woodwell, G.M.（1980）：Aquatic System as Part of the Biosphere, In "Fundamentals of Aquatic Ecosystems", Barnes, R.S.K. and Mann, K.H.（ed.）, Blackwell.

第３章

ブディコ，エム・イ（Budyko, M.I.）（著），内嶋善兵衛・岩切 敏（訳）（1973）:「気候と生命（上）」東京大学出版会（原著ロシア語，1971）.

藤永太一郎（監修），宗林由樹・一色健司（編）（2005）：「海と湖の化学－微量元素で探る」京都大学学術出版会.

Garrison, T.（1996）："Oceanography, -An Invitation to Marine Science-" 2nd ed., Wadsworth Publishing Company.

北野　康（1995）：「新版　水の科学」NHK 出版.

道田　豊，小田巻　実，八島邦夫，加藤　茂（2008）：「海のなんでも小辞典－潮の満ち引きから海底地形まで－」講談社.

西村雅吉（編），角皆静男・乗木新一郎（著）（1983）：「海洋化学－化学で海を解く－」産業図書.

ピネ，P. R.（Pinet, Paul R.）（著），東京大学海洋研究所（監訳）（2010）：「海洋学 原著第４版」東海大学出版会.

高野健三（1978）：「海洋科学基礎講座２海洋物理 II」東海大学出版会.

柳　哲雄（2013）：「海の科学－海洋学入門－（第３版）」恒星社厚生閣.

第４章

Berner, E. K. and Berner, R. A.（1996）："Global Environment: Water, Air, and Geochemical cycles", Prentice Hall.

Dugdale, R. C. and Goering, J. J.（1967）：Uptake of new and regenerated forms of nitrogen in primary productivity, Limnology and Oceanography, 12, 196-206.

蒲生俊敬（訳），ブロッカー , W. S.（Broecker, W. S.）（著）（1983）：海洋，サイエンス（日本版）11 月号，88-100.

Levitus, S., Conkright, M. E., Reid, J. L. and Najira, R. G.（1993）：Distribution of nitrate, phosphate and silicate in the world oceans, Progress of Oceanography, 31, 245-273.

Martin, J. H. and Fitzwater, S. E.（1988）：Iron deficiency limits phytoplankton growth in the north-east Pacific subarctic, Nature, 331, 341-343.

Martin J. H., Gordon, R. M., Fitzwater, S. and Broenkow, W. W.（1989）：Vertex: phytoplankton/iron studies in Gulf of Alaska, Deep-Sea Research, 36, 649-680.

日本海洋学会（編）（2012）：「海はめぐる－人と生命を支える海の科学－」地人書館.

西村雅吉（編），角皆静男・乗木新一郎（著）（1983）：「海洋化学－化学で海を解く－」産業図書.

野崎義行（1994）：「地球温暖化と海」東京大学出版会.

Redfield. A. C., Ketcham, B. H. and Richard, F. A.（1963）：The influence of organisms on the composition of sea-water. In "The Sea" Hill, M. N.（ed.）, vol. 2, Inter Science, pp. 26-77.
武田重信（2007）：鉄による海洋一次生産の制御機構，Nippon Suisan Gakkaishi, 73, 429-432.
谷口　旭（1973）：海洋植物プランクトン群集の生産力，海洋科学，5，91-97.
渡辺　正（訳），アンドリューズ, J. E.（Andrews, J. E.），ブリンブコム, P.（Brimblecombe, P.），ジェッケルズ, T. D.（Jickells, T. D.），リス, P. S.（Liss, P. S.），リード, B. J.（Reid, B. J.）（著）（2012）：「地球環境化学入門」（An Introduction to Environmental Chemistry）丸善出版.

第５章

Eppley R. W.（1972）：Temperature and phytoplankton growth in the sea, Fishery Bulletin, 70, 1063-1085.
蒲生俊敬（訳），ブロッカー , W. S.（Broecker, W. S.）（著）（1983）：海洋，サイエンス（日本版）11 月号，88-100.
谷口　旭（1981）：太平洋亜寒帯前線海域における低次生物生産の特性と漁場環境，北大水産北洋研業績集：特別号，23-35.

第６章

半田暢彦（1989）：海洋の溶存態・懸濁態有機物，海洋工学コンファレンス論文集，1，1-7.
堀部純男（編）（1977）：「海洋環境の科学」東京大学出版会.
菊池知彦（2012）：第 5 章　栄養塩はめぐる，「海はめぐる」日本海洋学会（編），地人書館.
米田義昭（1987）：北太平洋亜寒帯海洋前線周縁における生物生産と化学物質の動態，月刊海洋科学，210，669-674.
南川雅男（1997）：安定同位体比による水圏生態系構造の解明，水環境学会誌，20，12-16.
日本分析化学会近畿支部（2002）：「はかってなんぼ－環境編」丸善.
日本海洋学会（編）（2012）：「海はめぐる－人と生命を支える海の科学－」地人書館.
西澤　敏（編）（1989）：「生物海洋学－低次食段階論－」恒星社厚生閣.
小川浩史（2000）：地球上の炭素循環における海洋の溶存有機物の役割，ぶんせき，5，265-271.
Ogura, N.（1975）：Further studies on decomposition of dissolved organic matter in coastal seawater, Mar. Biol., 31, 101-111.
關　文威（1969）：海洋の有機物の分解，海洋科学，1，338-343.

第８章

一見和彦，濱口佳奈子，山本昭憲，多田邦尚，門谷　茂（2011）：新川・春日川河口干潟域（瀬戸内海備讃瀬戸）におけるリンの収支，沿岸海洋研究，48，167-178.
中嶋昌紀・藤原建紀（2007）：大阪湾のエスチュアリー循環流と貧酸素水塊，沿岸海洋研究，44，157-163.
山本民次・橋本俊也（2007）：エスチュアリー循環と一次生産，沿岸海洋研究，44，137-145.
Wilke, R. and Dayal, R.（1982）：The behavior of iron, manganese and silicon in the Peconic River estuary, New York, Estuarine, Coastal and Shelf Science, 15, 577-586.

第９章

西村雅吉（編），角皆静男・乗木新一郎（著）（1983）：「海洋化学－化学で海を解く－」産業図書.
佐山幹雄・栗原　康（1988）：3．底泥の微生物の物質代謝，「河口・沿岸域の生態学とエコロジー」栗原　康（編），東海大学出版会.
渡辺　正（訳）・アンドリューズ, J. E.（Andrews, J. E.），ブリンブコム, P.（Brimblecombe, P.），ジェッケルズ, T. D.（Jickells, T. D.），リス, P. S.（Liss, P. S.），リード, B. J.（Reid, B. J.）（著）（2012）：「地球環境化学入門」（An Introduction to Environmental Chemistry）丸善出版.

日本語索引

≪アルファベット≫

C/Chl *a* 比　74
C/N 比　73
f 値　53
HNLC（High Nutrient Low Chlorophyll）海域　56
P/B 比　13

≪あ行≫

青潮　94
赤潮　90
安定同位体　85
　一の存在比　85
移出生産　53, 79
一次消費者　9
一次生産者　9
一時プランクトン　8
栄養塩　47
栄養段階　10
エクマン輸送　25
エクマンらせん　25
エスチュアリー循環流　93
沿岸海洋学　4
鉛直混合　40
塩分　37
　一躍層　40
大潮　33
温度躍層　40

≪か行≫

科　7
海藻藻場　98
海草藻場　98
海藻類　98
海草類　98
回転率　12
海洋学　4
海流　24
化学海洋学　4
化学的酸素要求量　89
学名　7
河口域　93
河口干潟　96
間隙水　105
干潮　32
感度　44
基礎生産者　9
起潮力　31
強光阻害　65
グアノ　82
クロロフィル *a*　61
減衰係数　53
懸濁態有機炭素　71
懸濁態有機物　71
綱　7
高栄養細菌　81
光合成有効放射　53
呼吸量　65
小潮　35
コリオリ力　25

≪さ行≫

再生生産　52
酸化還元電位　105
残差流　34
三次消費者　9
実用塩分　39
死滅期　63
種　7
秋季増殖　56
終生プランクトン　8
従属栄養生物　9
純一次生産量　65
春季大増殖　55
硝酸還元　83
植物プランクトン　8
食物網　9
食物連鎖　9
シルト　101
新生産　52
親生物元素　47

深層大循環　28
水温躍層　40
水塊　43
吹送流　25
水柱　10
ストークス（Stokes）の法則　70
砂　101
正確さ　44
制限要因　47
生産量　12
生食食物連鎖　10
成層　40
生態学　9
生態系　8, 12
精度　44
生物海洋学　4
生物起源ケイ素　84
生物ポンプ　79
生物量　10, 13
セジメントトラップ　75
摂食　9
全炭酸　78
総一次生産量　65
増殖曲線　62
増殖速度　63
属　7
続成過程　103

≪た行≫

対数増殖期　62
濁度　93
脱窒　84
タンパク価　14
窒素固定　83
潮汐　31
　－残差流　34
潮流　31
沈降粒子　75
　－束　75
低栄養細菌　81
定常期　63
定常状態　36
底生生物　8
底生微細藻類　96
デトライタス（デトリタス）　73
電気伝導度　39
転送効率　10
同位体効果　85
同位体分別　86
動物プランクトン　8
独立栄養生物　9
泥　101

≪な行≫

二次消費者　9
二層ボックスモデル　76
日周鉛直移動　91
ネクトン　8
熱塩循環　30
粘土　101

≪は行≫

バイオマス　10, 13
半飽和定数（K_s）　66
干潟　96
光－光合成曲線（PI 曲線）　64
微細藻類　96
微生物ループ　10, 81
比増殖速度（μ）　63
必須アミノ酸指数　14
表層大循環　25
微量元素　47
貧酸素水塊　90
風成循環　30
富栄養化　89
腐食食物連鎖　98
浮遊懸濁物　71
浮遊生物　8
プランクトン　8
ブルーム　55
分解者　10
糞粒（フィーカルペレット）　76
分裂速度（μ_2）　63
平均滞留時間　37
平均流　34
ベントス　8
放射性同位体　85
補償深度　54
補償点　65
捕食　10

≪ま行≫

マーチンの鉄仮説　56

前浜干潟　96

マクロベントス　101

満潮　32

見かけの酸素消費量　50

ミクロベントス（マイクロベントス）　101

密度躍層　40

無機三態窒素　47，83

メイオベントス　101

メガベントス　102

目　7

門　7

≪や行≫

遊泳生物　8

有光層　54

誘導期　62

溶存酸素　48

溶存態有機炭素　71

溶存態有機物　71

四次消費者　9

≪ら行≫

粒度　101

理論希釈直線　94

臨界深度　55

レイノルズ数　17

礫　101

レッドフィールド比　51

英語索引

≪ a ≫

abyssal circulation　*28*
accuracy　*44*
AOU（Apparent Oxgen Utilization）　*50*
attenuation coefficient　*53*
autotroph　*9*

≪ b ≫

benthic microalgae　*96*
benthos　*8*
biogenic silica　*84*
biogenic opal　*84*
biological oceanography　*4*
biological pump　*79*
biomass　*10, 13*
biophilic element　*47*
blue tide　*94*

≪ c ≫

C/Chl *a* ratio　*74*
C/N ratio　*73*
chemical oceanography　*4*
Chlorophyll *a*（Chl *a*）　*61*
class　*7*
clay　*101*
coastal oceanography　*4*
COD（Chemical Oxygen Demand）　*89*
compensation depth　*54*
compensation point　*65*
conductivity　*39*
coriolis force　*25*
critical depth　*55*

≪ d ≫

death phase　*63*
decomposer　*10*
denitrification　*84*
detritus　*73*
　― food chain　*99*
diagenesis　*103*
diel vertical migration　*91*
DIN（Dissolved Inorganic Nitrogen）　*47*
division　*7*
DO（Dissolved Oxygen）　*48*
DOC（Dissolved Organic Carbon）　*71*
DOM（Dissolved Organic Matter）　*71*

≪ e ≫

EAAindex（Essential Amino Acid Index）　*14*
ecology　*9*
ecosystem　*8*
Ekman spiral　*25*
Ekman transport　*25*
estuarine circulation　*93*
estuary　*93*
euphotic zone　*54*
eutrophic bacteria　*81*
eutrophication　*89*
export production　*53*

≪ f ≫

f ratio　*53*
fall bloom　*56*
family　*7*
fecal pellet　*75*
flux　*75*
food chain　*9*
food web　*9*

≪ g ≫

genus　*7*
grain size　*101*
gravel　*101*
grazing food chain　*10*
growth curve　*62*
growth rate　*63*
guano　*82*

≪ h・i ≫

halocline　*40*

heterotroph　9
high tide（high water）　32
isotope effect　85
isotope fractionation　86

≪ k・l ≫

Ks　66
lag phase　62
limiting factor　47
log phase　62
low tide（low water）　32

≪ m ≫

macrobenthos　101
mean flow　34
megabenthos　102
meiobenthos　101
microalgae　96
microbenthos　101
microbial loop（microbial food chain）　10
mud　101

≪ n ≫

neap tide　35
nekton　8
new production　52
nitrate reduction　83
nitrogen fixation　83
nutrient　47

≪ o ≫

ocean current　24
oceanography　4
oligotrophic bacteria　81
order　7
ORP（Oxidation-Reduction Potential）　105

≪ p ≫

PAR（Photosynthetically Available Radiation）　53
Pg（gross primary production）　65
photoinhibition　65
phylum　7
phytoplankton　8
PI curve　64
plankton　8
Pn（net primary production）　65
POC（Particulate Organic Carbon）　71
POM（Particulate Organic Matter）　71
pore water（interstitial water）　105
precision　44
primary producer　9
production　12
protein score　14
psu（practical salinity unit）　39
pycnocline　40

≪ r ≫

R（respiration）　65
radioisotope　85
red tide　90
Redfield ratio　51
redox potential　105
regenerated production　52
residence time　37
residual flow　34
reynolds number　17

≪ s ≫

salinity　37
sand　101
scientific name　7
seagrass　98
　― bed　98
seaweed　98
　― bed　98
sediment trap　75
sensitivity　44
silt　101
sinking particle　75
species　7
spring bloom（blooming）　55
spring tide　35
stable isotope　85
　― ratio　85
stationary phase　63
steady state　36
stratification　40
suspended substance（suspended solid）　71

≪ t ≫

thermocline *40*
— circulation *30*
tidal current *31*
tidal flat *96*
tidal residual flow *34*
tide *31*
— generating force *31*
total carbonate *78*
trace element *47*
transfer efficiency *10*
trophic level *10*
turbidity *93*
two box model *76*

≪ u・v・w・z ≫

upper ocean circulation（ocean circulation） *25*
vertical mixing *40*
water column *10*
water mass *43*
wind-driven circulation *30*
wind-driven current *25*
zooplankton *8*

＜著者略歴＞

多《た》田《だ》邦《くに》尚《なお》

1983 年　香川大学農学部農芸化学科　卒業
1985 年　香川大学大学院農学研究科農芸化学専攻修士課程　修了
1988 年　北海道大学大学院水産学研究科水産化学専攻博士後期課程　単位取得退学
1988 年　四国女子大学家政学部助手
1990 年　水産学博士（北海道大学）
1990 年　香川大学農学部助手
1997 年　香川大学農学部助教授
2002 年　香川大学農学部教授
2014 年　香川大学瀬戸内圏研究センター長

一《いち》見《み》和《かず》彦《ひこ》

1992 年　香川大学農学部生物資源科学科　卒業
1994 年　香川大学大学院農学研究科生物資源科学専攻修士課程　修了
1997 年　愛媛大学大学院連合農学研究科生物環境保全学専攻修了　博士（農学）
1997 年　科学技術特別研究員（東北区水産研究所）
2001 年　NEDO 産業技術養成技術者
2003 年　香川大学農学部助教授
2009 年　香川大学瀬戸内圏研究センター准教授
2017 年　香川大学瀬戸内圏研究センター教授

山《やま》口《ぐち》一《ひと》岩《み》

1997 年　東京水産大学水産学部海洋生産学科　卒業
2001 年　香川大学大学院農学研究科生物資源科学専攻修士課程　修了
2005 年　北海道大学大学院水産科学研究科環境生物資源科学専攻博士後期課程　修了　博士（水産科学）
2005 年　愛媛大学沿岸環境科学研究センター博士研究員
2009 年　岡山理科大学工学部講師
2010 年　香川大学農学部助教
2013 年　香川大学農学部准教授
2023 年　香川大学農学部教授

海洋《かいよう》科《か》学《がく》入《にゅう》門《もん》
－海《うみ》の低《てい》次《じ》生《せい》物《ぶつ》生《せい》産《さん》過《か》程《てい》〔第 2 版〕

2020 年 3 月 31 日　第 2 版第 1 刷発行
2024 年 2 月 20 日　第 2 刷発行

定価はカバーに表示してあります

著　者　多《た》田《だ》邦《くに》尚《なお》
一《いち》見《み》和《かず》彦《ひこ》
山《やま》口《ぐち》一《ひと》岩《み》
発行者　片岡一成
発行所　恒星社厚生閣
〒 160-0008　東京都新宿区四谷三栄町 3-14
電話 03（3359）7371（代）
http://www.kouseisha.com/

印刷・製本　シナノ

ISBN978-4-7699-1647-5　C1044